高等学校物联网专业系列教材

嵌入式系统开发

苗玉杰　刘洪涛　张　芳　李惠君◎编著

中国铁道出版社有限公司
CHINA RAILWAY PUBLISHING HOUSE CO., LTD.

内 容 简 介

随着信息化、智能化、网络化的发展，嵌入式系统获得了广阔的发展空间。本书针对高等学校专业教学需要，结合作者多年教学经验和开发成果而编写，以 Exynos 4412 微处理器为核心，按照嵌入式系统的开发流程，循序渐进地论述了基于 ARM 架构的嵌入式 Linux 开发技术。本书主要内容包括嵌入式系统基础，ARM 架构与汇编指令，中断、异常和 U-boot，ARM 裸机开发，内核模块，字符设备驱动，Linux 设备树，内核中断编程，高级 I/O 操作，Linux 设备驱动模型，Qt 移植与开发，综合实例等。对于操作性强的章节，配有实验，各章均设置了丰富的习题。

本书编写注重校企合作，选用了华清远见教育科技集团提供的教学案例。除此之外，本书还提供了教学课件、源代码、文档资料、实验视频等教学资源。

本书适合作为普通高等院校计算机、电子信息和物联网等本科专业嵌入式系统课程教材，也可作为嵌入式领域相关工作人员的参考书。

图书在版编目（CIP）数据

嵌入式系统开发 / 苗玉杰等编著 . —北京：中国铁道出版社有限公司，2023. 12
高等学校物联网专业系列教材
ISBN 978-7-113-29579-0

Ⅰ. ①嵌… Ⅱ. ①苗… Ⅲ. ①微型计算机 - 系统开发 - 高等学校 - 教材 Ⅳ. ① TP360.21

中国版本图书馆 CIP 数据核字（2022）第 153653 号

书　　名：嵌入式系统开发
作　　者：苗玉杰　刘洪涛　张　芳　李惠君

策　　划：刘丽丽　　编辑部电话：（010）51873202
责任编辑：刘丽丽　彭立辉
封面设计：郑春鹏
责任校对：安海燕
责任印制：樊启鹏

出版发行：中国铁道出版社有限公司（100054，北京市西城区右安门西街 8 号）
网　　址：http://www.tdpress.com/51eds/
印　　刷：三河市宏盛印务有限公司
版　　次：2023 年 12 月第 1 版　2023 年 12 月第 1 次印刷
开　　本：787 mm×1 092 mm 1/16　印张：11.5　字数：213 千
书　　号：ISBN 978-7-113-29579-0
定　　价：45.00 元

前　言

党的二十大报告指出，要“坚持把发展经济的着力点放在实体经济上”，“推动制造业高端化、智能化、绿色化发展”，“构建新一代信息技术、人工智能、生物技术、新能源、新材料、高端装备、绿色环保等一批新的增长引擎”。

无论是制造业的高端化、智能化，还是构建新一代的信息技术、人工智能和高端装备，都离不开嵌入式系统。嵌入式系统，犹如装备的“大脑”和“神经系统”，在智能化时代发挥着不可替代的重要作用。

智能化时代也造就了嵌入式系统应用范围急剧扩大。相关数据显示，目前，我国嵌入式行业至少存在30万～50万人的人才缺口。为此，国内许多高校都开设了“嵌入式系统”课程。虽然嵌入式系统开发相关的书籍较多，但由于嵌入式系统涉及的内容较多，有些教材倾向于硬件结构，有些教材倾向于内核编程，不能从整体上反映嵌入式系统的开发流程。

编者结合多年的授课经验和课堂讲稿，以及华清远见教育科技集团的研发成果和教学经验，总结在教学过程学生经常遇到的问题及解决办法，整理编著成本书。作为校企合作的产物，本书契合了党的二十大报告提出的“产教融合、科教融汇”要求。本书以Exynos 4412微处理器为核心，从嵌入式系统基础、ARM架构与汇编指令、Bootloader、ARM裸机开发、字符设备驱动开发和Linux设备驱动模型等方面，循序渐进地对嵌入式系统开发的基本理论和流程进行论述。

全书共分为12章。第1章介绍嵌入式系统的概念、组成及嵌入式系统的开发方法；第2章详细讲述ARM架构、工作模式以及常用的汇编指令；第3章通过讲述中断、异常的概念，引出中断向量表和常用的启动引导程序U-boot；第4章讲述ARM裸机开发方法；第5章讲述内核模块开发方法；第6章对字符设备驱动进行讲解；第7章对Linux设备树进行讲解；第8章讲述内核中断编程；第9章通过四个示例，讲述字符设备驱动的高级I/O操作方法；第10章引入Linux设备驱动模型，并通过一个实例讲述平台设备驱动编程方法；第11章介绍Qt的移植与开发；第12章通过实例，讲述一个环境温湿度监测系统的开发方法和过程。

本书讲解理论的同时，注重与实例操作相结合。大部分章节配有实例和源代码，以使读者建立感性认识，为进一步深入学习打下良好的基础。另外，本书还配备了教学大纲、电子课件和视频，以提升读者的自学效果。相关资源可在中国铁道出版社有限公司网站（http://www.tdpress.com/51eds/）下载。

“嵌入式系统开发”课程实践性较强，涉及知识较多，学生只有在实践中不断总结、领会，才能在嵌入式系统设计的道路上走得更远。

本书由苗玉杰、刘洪涛、张芳、李惠君编著。其中，第1～3章由张芳编著，第4章、第5章由李惠君编著，第6～9章由苗玉杰编著，第10～12章由刘洪涛撰写。本书在编著过程中，得到了河北环境工程学院与华清远见教育科技集团相关人员的大力支持，在此，对他们表示衷心感谢！

本书在编著过程中参考和引用了国内外同行、专家、学者的大量文献，借鉴了许多现行教材的宝贵经验，在此，谨向这些作者表示诚挚的感谢。

由于时间仓促，编著者水平有限，书中难免存在疏漏与不妥之处，恳请读者提出宝贵意见和建议。

编著者

2023年10月

目　录

第 1 章　嵌入式系统基础 1

1.1　嵌入式系统概述 1

1.1.1　嵌入式系统的概念 1

1.1.2　嵌入式系统应用领域 2

1.2　嵌入式系统组成 2

1.2.1　嵌入式系统硬件 2

1.2.2　嵌入式系统软件 3

1.3　嵌入式操作系统 3

1.4　我国嵌入式系统的发展 5

1.5　嵌入式系统开发模式及流程 6

1.5.1　嵌入式系统开发模式 6

1.5.2　嵌入式系统开发流程 6

实验 1　交叉编译环境搭建 7

习题 1 9

第 2 章　ARM 架构与汇编指令 11

2.1　ARM 处理器简介 11

2.1.1　ARM 公司简介 11

2.1.2　ARM 架构 12

2.2　ARM 工作模式及寄存器 14

2.2.1　ARM 工作模式 14

2.2.2　ARM 寄存器组织 15

2.3　ARM 汇编指令 18

实验 2　汇编程序点亮 LED 灯 24

习题 2 26

第 3 章　中断、异常和 U-boot 31

3.1　中断和异常概述 31

3.2 Bootloader 操作模式及种类......34
3.2.1 Bootloader 概述......34
3.2.2 Bootloader 操作模式......35
3.2.3 Bootloader 的种类......35
3.2.4 U-Boot 概述......36
实验 3 U-Boot 移植和 SD 启动卡制作......39
习题 3......42

第 4 章 ARM 裸机开发......44

4.1 GPIO 裸机开发......44
4.1.1 裸机开发步骤......44
4.1.2 GPIO 应用实例......45
4.2 通用异步收发器......48
4.2.1 通用异步收发器简介......48
4.2.2 Exynos 4412-UART 控制器......49
4.2.3 UART 寄存器......50
4.2.4 UART 接口应用实例......51
4.3 中断裸机编程......54
4.3.1 ARM 中断控制器简介......54
4.3.2 中断源和中断号......55
4.3.3 Exynos 4412 中断相关寄存器......55
4.3.4 GIC 中断应用实例......59
习题 4......62

第 5 章 内核模块......64

5.1 内模概述......64
5.2 一个简单的内核模块......65
5.2.1 编写一个简单的内核模块......65
5.2.2 编译内核模块......66
5.3 多个源文件编译生成一个内核模块......68
5.4 内核模块参数......69
5.5 内核模块依赖......71
实验 4 Linux 内核移植......73
习题 5......75

第 6 章 字符设备驱动 77

6.1 Linux 系统设备概述 77
6.2 字符设备驱动编程 78
6.2.1 字符设备驱动实例 79
6.2.2 测试字符设备驱动 83
6.2.3 设备读 / 写操作 84
6.2.4 I/O 内存 86
6.3 ioctl 89
实验 5 根文件系统制作 93
习题 6 97

第 7 章 Linux 设备树 100

7.1 为何使用 Linux 设备树 100
7.2 Linux 设备树基本知识 101
7.2.1 设备树基本概念 101
7.2.2 设备树语法 101
7.2.3 内核设备树访问函数 105
7.3 基于设备树的 LED 驱动 106
实验 6 字符设备驱动 110
习题 7 111

第 8 章 内核中断编程 113

8.1 按键中断编程 113
8.2 中断下半部 119
8.2.1 tasklet 119
8.2.2 工作队列 121
习题 8 123

第 9 章 高级 I/O 操作 124

9.1 非阻塞 I/O 124
9.2 阻塞 I/O 125
9.3 I/O 多路复用 127
9.4 异步通知 130
习题 9 132

第 10 章　Linux 设备驱动模型 134
10.1　设备驱动模型 134
10.2　平台总线 140
10.3　使用设备树的 LED 平台驱动 146
实验 7　平台设备驱动实验 148
习题 10 150
第 11 章　Qt 移植与开发 151
11.1　Qt 移植与集成开发环境安装 151
11.1.1　Qt 移植 151
11.1.2　Qt 集成开发环境 153
11.2　编写并运行 Qt 程序 156
11.2.1　创建 Qt 项目 156
11.2.2　Qt 程序实例 158
习题 11 161
第 12 章　综合实例 162
12.1　DHT11 工作原理 162
12.2　DHT11 驱动编程 163
12.3　DHT11 应用程序 170
12.3.1　C 应用程序 170
12.3.2　Qt 应用程序 172
参考文献 176

第1章 嵌入式系统基础

近年来，随着计算机、互联网和通信技术的高速发展，嵌入式系统开发技术也取得了迅速发展，其应用范围急剧扩大。嵌入式系统已成为当前最为热门的领域之一，越来越多的人开始学习嵌入式系统开发技术。本章将向读者介绍嵌入式系统的基础知识。

本章主要内容：

- 嵌入式系统概述。
- 嵌入式系统组成。
- 嵌入式操作系统。
- 嵌入式系统开发模式及流程。

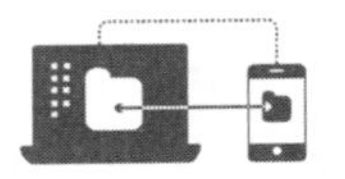

1.1 嵌入式系统概述

1.1.1 嵌入式系统的概念

对于嵌入式系统，不同的组织对其定义也略有不同。电气电子工程师学会（Institute of Electrical and Electronics Engineers，IEEE）给出的定义为：嵌入式系统是“用于控制、监视或者辅助操作的机器、设备或装置”。

目前国内被广泛使用的嵌入式系统定义为：以应用为中心，以计算机技术为基础，软硬件可裁剪，应用系统对功能、可靠性、成本、体积、功耗和应用环境有特殊要求的专用计算机系统。简单地说，嵌入式系统是嵌入目标系统中的专用计算机系统。

由以上定义可以看出，与通用计算机相比，嵌入式系统具有以下特点：

① 体积小。由于嵌入式系统要嵌入目标系统内部，因此嵌入式系统通常体积都很小。例如，人们日常生活中用到的智能手环等。

② 功耗低。在许多便携式电子产品中，由于体积有限，这些设备一般要通过小型电池提供电源。为了让系统工作更长的时间，嵌入式系统的功耗都做得很低。

③ 软硬件可裁剪。嵌入式系统是面向应用的，嵌入式系统的软、硬件可以根据需要进行精心设计、量体裁衣，以降低成本，提高性能。

④ 可靠性高。嵌入式系统应具有较高的可靠性，以适应恶劣的环境条件或长时间工作要求。

⑤ 实时性好。嵌入式系统广泛应用于生产生活的方方面面，例如，自动驾驶汽车、无人机等产品对实时性要求较高。虽然也有一些系统对实时性要求并不是很高，但总体来说，实时性是对嵌入式系统的普遍要求，是设计者和用户应重点考虑的一个重要指标。

⑥ 专用性强。由于嵌入式系统通常是面向某个特定应用的，所以嵌入式系统的硬件和软件，尤其是软件，都是为特定用户群设计的，通常具有某种专用性的特点。

1.1.2 嵌入式系统应用领域

嵌入式系统技术具有非常广阔的应用前景，它不仅应用于人们的日常生活，而且在工业生产、航空航天、快递物流、交通运输等许多领域都有应用。

① 智能家居：随着嵌入式系统在物联网中广泛运用，出现智能家居控制系统，对住宅内的家用电器、照明灯光等进行智能控制，并结合其他系统为住户提供一个温馨舒适、安全节能、先进时尚的家居环境。

② 智慧交通：嵌入式系统在测速雷达、运输车队遥控指挥系统、车辆导航系统等方面都有应用。在这些应用系统中，嵌入式系统对交通数据进行获取、存储、管理、传输、分析和显示，以帮助交通管理者或决策者对交通状况现状进行决策和研究。在车辆导航、流量控制、信息监测与汽车服务方面，嵌入式系统技术已经获得了广泛的应用。内嵌GPS模块、GSM模块的移动定位终端已经在各种运输行业获得成功的应用。

③ 工业控制：基于嵌入式芯片的工业自动化设备将获得长足发展。各种智能测量仪表、数控装置、可编程控制器、控制机、分布式控制系统、现场总线仪表及控制系统、工业机器人、机电一体化机械设备、汽车电子设备等，体现出嵌入式系统在其中的重要作用。

④ 国防军事：随着科技的发展，嵌入式系统在国防军事中的应用也越来越广泛。各种航空航天设备，无人机，无人深潜器，各种武器控制以及各种军用电子装备，雷达、电子对抗军事通信装备，野战指挥作战用各种专用设备，都离不开嵌入式系统。

⑤ 消费电子：指围绕消费者应用而设计的与生活、工作娱乐息息相关的电子类产品，如手机、平板计算机、数码产品、蓝牙音箱、智能咖啡机等，都是依托嵌入式系统的高效、稳定、经济等特性为消费者提供的物美价廉商品。

⑥ 环境工程：嵌入式系统在环境工程中的应用很多，如水文资料实时监测、防洪体系及水土质量监测、堤坝安全、地震监测、实时气象信息等，通过利用最新的技术实现水源和空气污染监测，在很多环境恶劣，地况复杂的地区，嵌入式系统将实现无人监测。

除上述领域之外，嵌入式系统在其他很多方面都有应用。随着进入信息化时代、数字时代，嵌入式系统的应用将会更加广泛。

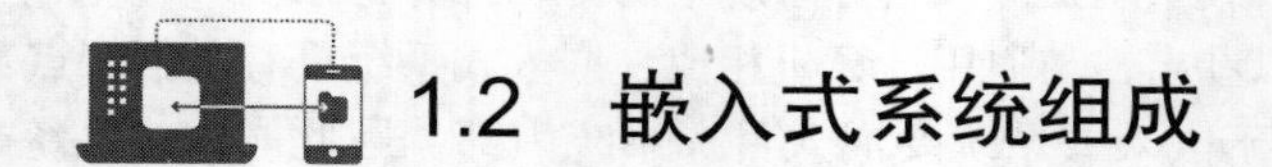

1.2 嵌入式系统组成

嵌入式系统是完成某一特定功能的专用计算机系统，与通用计算机系统类似，也是由硬件和软件两大部分组成。硬件是嵌入式系统的物理基础，而软件用于控制系统的运行，是嵌入式系统的灵魂。嵌入式系统结构如图1.1所示，展示了硬件和软件之间的关系。

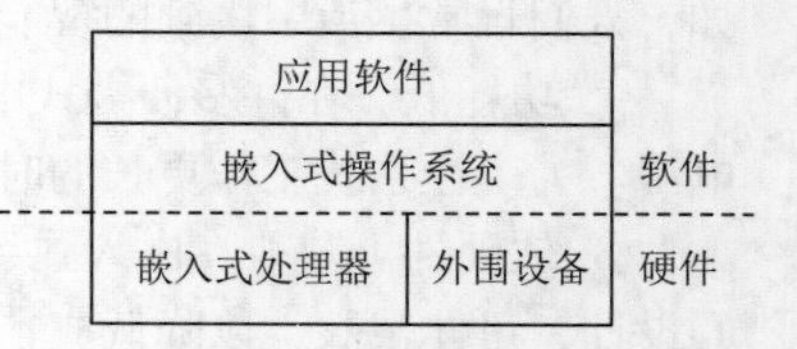

图1.1 嵌入式系统结构

1.2.1 嵌入式系统硬件

嵌入式系统硬件由嵌入式处理器和外围设备两部分组成。

嵌入式系统的硬件核心是嵌入式处理器。嵌入式处理器直接关系到整个嵌入式系统的性能。与通用计算机处理器不同的是，嵌入式处理器只保留和嵌入式应用紧密相关的功能硬件，去除其他冗余功能部分，这样就能以最低的功耗和资源实现嵌入式应用的特殊要求。世界上具有嵌入式功能特点的处理器已经超过 1 000 种，流行体系结构包括 MCU、MPU 等 30 多个系列，其中 ARM、PowerPC、MIPS 等使用最为广泛。

外围设备是指嵌入式系统中用于完成存储、通信、调试、显示等辅助功能的其他部件。目前常用的嵌入式外围设备按功能可以分为：存储设备（如 RAM、SRAM、Flash 等）、通信设备（如 RS-232 接口、SPI 接口、以太网接口等）和显示设备（如显示屏等）。常见的存储设备有 RAM、SRAM、ROM、Flash 等，这些存储设备在嵌入式系统开发过程中非常重要。

嵌入式系统是量身定做的专用计算机应用系统，在实际应用中嵌入式系统硬件配置非常简单，除了微处理器和基本的外围电路以外，其余的电路都可根据需要和成本进行裁剪、定制，非常经济、可靠。

1.2.2　嵌入式系统软件

嵌入式系统在不同的应用领域和不同的发展阶段，其软件组成也不完全相同，如图 1.2 所示。在一些低端的嵌入式系统中，处理器的处理能力比较低，存储的容量也比较小。一般来说，这些系统的功能相对比较简单，因而其软件的设计以应用为核心，应用软件直接建立在硬件上，规模较小，没有专门的操作系统，基本上属于硬件的附属品。

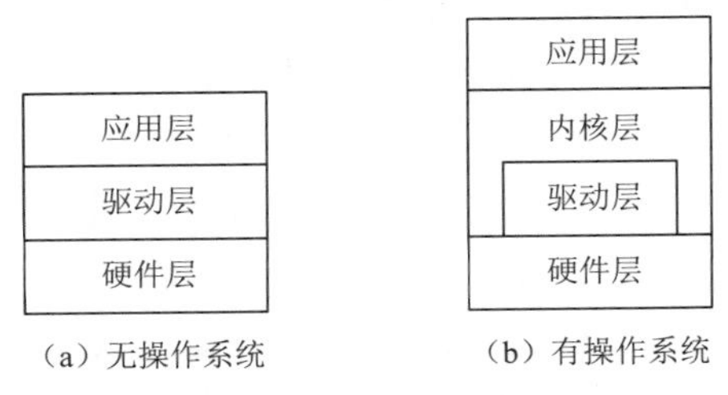

图 1.2　嵌入式系统软件组成

复杂的嵌入式系统要求嵌入式软件必须以多任务方式运行。为了合理地调度多任务和利用系统资源，通常需要选配嵌入式操作系统。嵌入式操作系统不仅具有通用操作系统的一般功能，同时，它还在系统实时性、硬件依赖性、软件固化性及应用专用性等方面，具有鲜明的特点。

应用层，也称为应用软件层或功能层。应用软件是由基于实时系统开发的应用程序组成，运行在嵌入式操作系统之上，一般情况下与操作系统是分开的。应用软件用来实现对被控制对象的控制功能。应用层要面对被控对象和用户，为方便用户操作，往往需要提供一个友好的人机界面。

在实际使用中，要根据具体应用需求对嵌入式系统软件进行配置和裁剪。

1.3　嵌入式操作系统

嵌入式操作系统（embedded operation system，EOS）是随着嵌入式系统的发展而出现的。嵌入式操作系统的出现，大大提高了嵌入式系统开发效率，它是嵌入式系统极为重要的组成部分。

一般情况下，嵌入式操作系统可以分为两类：一类是面向控制、通信等领域的实时操作系统，如 WindRiver 公司的 VxWorks、ISI 的 pSOS、QNX 系统软件公司的 QNX 和老牌的 VRTX（Microtec 公司）等；另一类是面向消费电子产品的非实时操作系统，这类产品包括个人数字助理（personal digital assistant，PDA）、移动电话、机顶盒、电子书、WebPhone等。随着Internet及芯片技术的快速发展，消费电子产品的需求日益扩大，原本只关注实时操作系统市场的厂家纷纷进军消费电子产品市场，推出了各自的解决方案，使嵌入式操作系统市场呈现出相互融合的趋势。

目前市场上流行的嵌入式操作系统有嵌入式Linux、VxWorks、Android、iOS、Harmony OS（鸿蒙操作系统）等。下面简单介绍一些常用的嵌入式操作系统。

1. 嵌入式Linux

嵌入式Linux是将日益流行的Linux操作系统进行裁剪修改，使其能在嵌入式计算机系统上运行的一种操作系统。嵌入式Linux既继承了Internet上无限的开放源代码资源，又具有嵌入式操作系统的特性。

除了智能数字终端领域以外，Linux在移动计算平台、智能工业控制、金融业终端系统，甚至军事领域都有着广泛的应用前景。这些Linux统称为“嵌入式Linux”。

Linux是一个成熟且稳定的网络操作系统。将Linux植入嵌入式设备具有许多优点：首先Linux的代码是开放的，任何人都可以获取并修改，用来开发自己的产品；其次，Linux是可以定制的，它的内核最小只有大约134 KB，并且非常稳定；另外，它和多数UNIX系统兼容，应用程序的开发和移植非常容易；最后，由于Linux具有良好的可移植性，人们已成功使用Linux运行于数百种硬件平台上，并且出现了很多嵌入式Linux系统。

2. VxWorks

VxWorks操作系统是WindRiver公司于1983年设计开发的一种嵌入式实时操作系统（real time operating system，RTOS），是嵌入式开发环境的关键组成部分。良好的持续发展能力、高性能的内核以及友好的用户开发环境，在嵌入式实时操作系统领域占据一席之地。VxWorks以其良好的可靠性和卓越的实时性被广泛地应用在通信、军事、航空、航天等高精尖技术及实时性要求极高的领域，如卫星通信、军事演习、弹道制导、飞机导航等。

VxWorks支持可预测的任务同步机制，支持多任务间的通信、存储器优化管理，操作系统的（中断延迟、任务切换、驱动程序延迟等）行为是可知、可预测的。不过如此优秀的操作系统，并不是在所有场合应用都是合适的。通常VxWorks常用于实时性要求高、环境恶劣的场合。因为使用VxWorks需要的成本非常高，这让不少厂商望而却步。

3. Android

Android是一种基于Linux内核（不包含GNU组件）的自由及开放源代码的操作系统，主要应用于移动设备，如智能手机和平板计算机。Android操作系统最初由Andy Rubin开发，主要支持手机。2005年8月由Google收购注资。2007年11月，Google与84家硬件制造商、软件开发商及电信营运商组建开放手机联盟共同研发改良Android系统。随后，Google以Apache开源许可证的授权方式，发布了Android的源代码。

Android运行于Linux Kernel之上，但并不是GNU/Linux。同时，Android为了达到商业应用，还移除了被GNU GPL授权证所约束的部分。

由于Android操作系统是直接建立在开放源代码的Linux操作系统上进行开发的，使得更多的硬件生产商加入Android开发阵营，也有更多的Android开发者投入到Android的应用程序开发中，这些都为Android平台带来了大量的新的应用。

4. iOS

iOS是由苹果公司开发的手持设备操作系统。最初是设计给iPhone使用的，后来陆续套用到iPod touch、iPad以及Apple TV等苹果产品上。

iOS与苹果的MacOS X操作系统一样，也是以Darwin为基础的，因此，同样属于类UNIX的商业操作系统。它和Linux操作系统有一定渊源，都可以追溯到UNIX。

iOS是商业操作系统，因此不是开源的。

5. Harmony OS

习近平总书记在二十大报告中明确指出："必须坚持科技是第一生产力、人才是第一资源、创新是第一动力。"我们只有坚持科技自立，把关键技术、核心装备牢牢掌握在自己手中，才能从根本上保障国家经济安全，迈出高质量发展的铿锵步伐。创新要自立，科技要自强。只有勇于创新，把相关领域的核心技术掌握在自己手里，实现科技的自立自强，才能促进社会的进步，保障国家的安全。

操作系统作为软硬件纽带，在安全领域扮演着核心地位。发展本土化操作系统，是国家防范网络攻击与威胁需要直接面对的问题。打造自主可控的操作系统已成为我国最紧迫的任务。在这样的背景之下，2019年8月9日，华为在开发者大会HDC.2019上正式发布了鸿蒙操作系统。华为此次推出的鸿蒙操作系统意义重大，是我国在操作系统领域的一次具有里程碑意义的突破。

华为消费者业务CEO在介绍鸿蒙OS开发初衷时表示："随着全场景智慧时代的到来，华为认为需要进一步提升操作系统的跨平台能力，包括支持全场景、跨多设备和平台的能力以及应对低时延、高安全性挑战的能力，因此逐渐形成了鸿蒙OS的雏形。鸿蒙OS的出发点和Android、iOS都不一样，是一款全新的基于微内核的面向全场景的分布式操作系统，能够同时满足全场景流畅体验、架构级可信安全、跨终端无缝协同以及一次开发多终端部署的要求，鸿蒙应未来而生。"

与Android、iOS相比，Harmony OS有以下四个技术特性：

① 分布式架构首次用于终端OS，实现跨终端无缝协同体验。

② 确定时延引擎和高性能IPC技术实现，系统天生流畅。

③ 基于微内核架构重塑终端设备可信安全。

④ 通过统一IDE支撑一次开发，多端部署，实现跨终端生态共享。

2023年3月31日，华为发布的2022年度报告中提到：鸿蒙生态在飞速发展。鸿蒙生态技术品牌鸿蒙智联已有超过2 300家合作伙伴，新增更多产品种类，2022年新增生态产品发货量突破1.81亿台，覆盖了智能家居的方方面面；截至2022年底，运行在Harmony OS设备上的元服务数量已超过五万。搭载Harmony OS的华为设备已达到3.3亿台。这表明，鸿蒙正式成为全球第三大操作系统，有了与Android、iOS三足鼎立的可能。

1.4　我国嵌入式系统的发展

从20世纪70年代单片机的出现到各式各样嵌入式微处理器、微控制器的大规模应用，嵌入式系统已经有了50多年的发展历史。随着信息化、智能化、网络化的发展，嵌入式系统技术也获得了广阔的发展空间。

2015年5月19日，相关文件中已明确提出，通过互联网制造业的融合，引领制造业向"数字化、网络化、智能化”转型升级，推动“物联网+工业”“云计算+工业”“移动互联网+工业”“网络众包+工业”等模式，通过互联网与工业的聚合裂变，实现工业大国向工业强国的迈进，这为我国嵌入式系统的快速发展提供了政策支持。

工业和信息化部网站的公开数据表明，2022年嵌入式系统软件收入达9 376亿元，同比增长11.3%。而2023年的1～5月份，嵌入式系统软件的收入就达3 738亿元，同比增长12.9%。2022年，主要产品中，手机产量15.6亿台，其中智能手机产量11.7亿台；微型计算机设备产量4.34亿台。

随着我国现代化建设进程的持续推进以及物联网的到来，嵌入式技术将在下游领域得到更广泛使用，其未来市场规模也将同步增加。有数据显示，2021年中国智能硬件市场规模约为12 003亿元，2017—2020年的复合增长率约39%，预计2023年中国智能硬件市场规模将达到23 184亿元。

2021年，中国嵌入式系统产业，尤其在产业基础的芯片和软件领域，有了重要的突破。例如，年初龙芯公司发布完全自主指令集架构LoongArch，构建自主可控的信息技术体系和产业生态；年中阿里平头哥公司宣布开源四款玄铁RISC-V 系列处理器，RT-Thread Smart微内核嵌入式操作系统重磅发布继续开源；年底华为加大基础软件投入，继开源鸿蒙之后，又开源了欧拉操作系统。有理由相信，开源开放的中国嵌入式生态系统，未来值得我们期待。

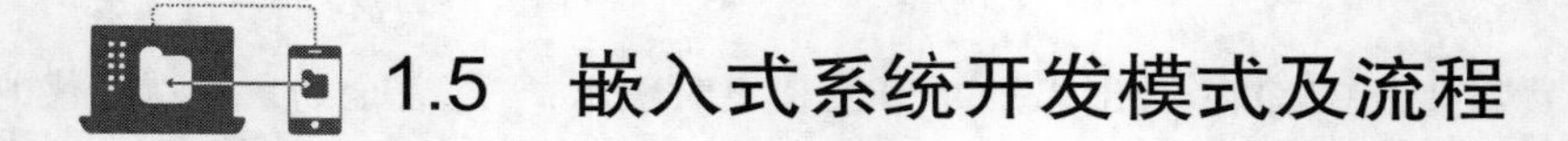

1.5 嵌入式系统开发模式及流程

1.5.1 嵌入式系统开发模式

嵌入式系统开发分为软件开发部分和硬件开发部分。嵌入式系统在开发过程通常采用如图1.3所示的“宿主机/目标机”开发模式，即利用宿主机（PC）上丰富的软硬件资源及良好的开发环境和调试工具来开发目标机上的软件。然后，通过交叉编译环境生成目标代码和可执行文件，通过串口/USB/以太网等方式下载到目标机上，利用交叉调试器监控程序运行、实时分析，最后，将程序下载固化到目标机上，完成整个开发过程。

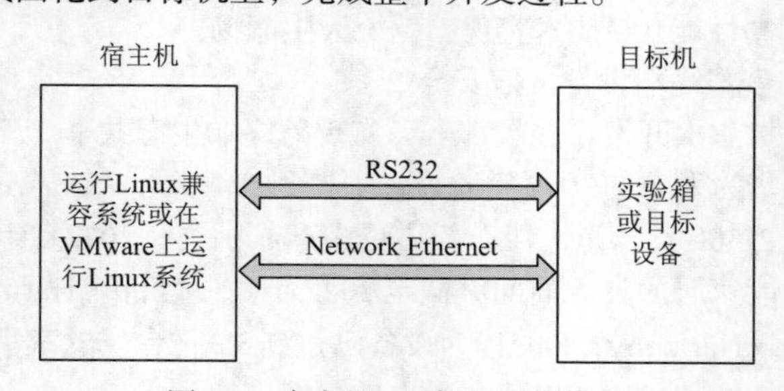

图1.3 宿主机/目标机开发模式

1.5.2 嵌入式系统开发流程

当前，嵌入式开发已经逐步规范化，在遵循一般工程开发流程的基础上，也有其自身的一些特点。嵌入式系统开发的一般流程主要包括系统需求分析、体系结构设计、软硬件及机械系统设计、系统集成、系统测试得到最终产品。

嵌入式系统开发最大的特点是软件、硬件综合开发。这是因为嵌入式产品是软硬件的结合体，软件针对硬件开发、固化、不可修改。

如果在一个嵌入式系统中使用Linux技术开发，根据应用需求的不同有不同的配置开发方法。但是，一般情况下都需要经过如下过程：

1. 建立开发环境

安装操作系统与交叉编译器。例如，华清远见公司的实验箱所采用的操作系统是ubuntu 12.04版本，系统中已经下载好了交叉工具链（arm-none-linux-gnueabi-），检测无误后即可使用。

2. 配置开发主机的参数

配置串口终端软件putty参数。putty软件的作用是作为调试嵌入式开发板信息输出的监视器和键盘输入的工具。一般情况下，波特率为115 200 Bd，数据位8位，停止位为1，无奇偶校验，软件硬件流控设为无。配置网络主要是配置NFS网络文件系统。

3. 建立引导装载程序Bootloader

从网络上下载一些公开源代码的Bootloader，如u-boot、blob、vivi等，根据具体芯片进行移植修改。有些芯片没有内置引导装载程序，这样就需要编写开发板上Flash的烧写程序，也可以在网上下载相应的烧写程序。如果不能烧写自己的开发板，就需要根据具体电路进行源代码修改，这是让系统可以正常运行的第一步。

4. 下载已经移植好的Linux操作系统内核

针对所使用的CPU移植好的Linux操作系统，下载后再添加特定硬件的驱动程序，然后进行调试修改。

5. 建立根文件系统

使用busybox软件进行功能裁减，产生一个最基本的根文件系统，再根据应用需要添加其他的程序或文件夹。根文件系统在嵌入式系统中一般设为只读，需要使用工具软件产生烧写映像文件。

6. 建立应用程序的Flash磁盘分区

一般使用jffs2或yaffs文件系统，这需要在内核中提供这些文件系统的驱动。

7. 开发应用程序

根据需要开发应用程序，开发成功的应用程序可以放入根文件系统中。最后，烧写内核、根文件系统和应用程序，发布产品。

实验 1　交叉编译环境搭建

交叉开发是指先在一台通用PC上进行软件的编辑、编译与连接，然后下载到嵌入式设备中运行调试的开发过程。通用PC称为宿主机，嵌入式设备称为目标机。

嵌入式系统的硬件资源有限，不能安装编译所需要的资源。同时，由于宿主机与目标机存在体系结构、处理能力、操作系统和输入/输出方式的不同，因而在宿主机上直接编译、连接生成的可执行程序，往往无法直接在目标机上运行。通过交叉编译工具，实现在宿主机上进行软件编辑、编译、连接等，并生成能够在目标机上运行的可执行程序的过程，就是交叉编译。

【实验目的】

熟悉嵌入式Linux交叉开发环境的搭建与使用。

【实验步骤】

① 在通用PC上下载安装虚拟机工具软件VMware Player。

② 打开华清远见公司的开发环境目录，解压Ubuntu_12.04_64-bit_farsight.zip。

③ 打开VMware Player，在启动界面选择“打开虚拟机”，打开解压缩路径下的虚拟机镜像，如图1.4所示。

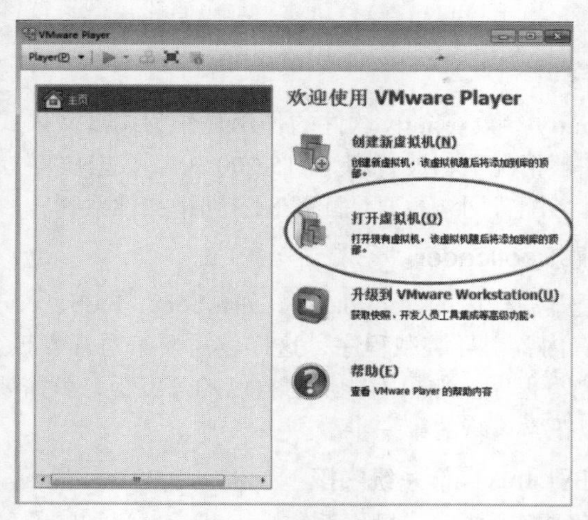

图1.4　打开虚拟机

④ 选中左侧“华清远见开发环境V12B”。先选择“编辑虚拟机设置”选项，配置优化虚拟机，再单击右侧“播放虚拟机”即可启动虚拟机。

⑤ 配置交叉工具链。

- 查看交叉工具链，华清远见开发环境包含三个版本的交叉工具链，均在/usr/local/toolchain/路径下。

```
$ cd /usr/local/toolchain/
$ ls
```

- 把交叉编译工具链路径添加到环境变量PATH中。

```
$ export  PATH="$PATH:/usr/local/toolchain/toolchain-4.6.4/bin/"
```

- 交叉工具链测试：输入arm-none-，按【Tab】键，如果能自动补全arm-none-linux-gnueabi-，则表明交叉编译工具链安装完成。

⑥ 配置NFS服务。NFS服务的主要任务是把本地的一个目录通过网络输出，其他计算机可以远程挂接这个目录并且访问文件。NFS方式是开发板通过NFS挂载放在主机（PC）上的根文件系统。此时，主机在文件系统中进行的操作同步反映在开发板上；反之，在开发板上进行的操作同步反映在主机的根文件系统中。实际工作中，人们经常使用NFS方式挂载系统，这种方式对于系统的调试非常方便。

配置NFS服务方法如下：

- 打开/etc/exports配置文件：

```
$ sudo vim /etc/exports
```

- 在文件末尾添加如下一行内容：

```
/source/rootfs  *(rw,sync,no_root_squash, no_subtree_check)
```

其中，/source/rootfs是要共享的目录；*代表允许所有的网络段访问；rw是可读/写权限；sync是数据同步写入内存和硬盘；no_root_squash是NFS客户端分享目录使用者的权限，如果客户端使用的是root用户，那么对于该共享目录而言，该客户端就具有root权限。

- 重启NFS服务：

```
$ sudo /etc/init.d/nfs-kernel-server  restart
```

习 题 1

一、选择题

1. 以下不属于嵌入式系统的是（　　）。

A. 手机　　B. MP3播放器
C. 无人机控制系统　　D. 笔记本计算机

2. 嵌入式系统不具备（　　）的特点。

A. 兼容性好　　B. 可靠性高　　C. 低功耗　　D. 实时性

3. 以下不属于嵌入式系统外围设备的是（　　）。

A. RAM　　B. ROM　　C. 液晶屏　　D. CPU

4. 以下嵌入式操作系统开源免费的是（　　）。

A. Linux　　B. Vxworks　　C. iOS　　D. Android

5. （　　）操作系统是面向全场景的分布式操作系统。

A. Linux　　B. iOS　　C. Harmony OS　　D. Android

6. 实时性最好的嵌入式操作系统是（　　）。

A. Linux　　B. VxWorks　　C. iOS　　D. Android

7. 不属于嵌入式操作系统的是（　　）。

A. Linux　　B. VxWorks　　C. iOS　　D. Windows 7

8. 华为公司开发的操作系统是（　　）。

A. VxWorks　　B. iOS　　C. Android　　D. Harmony OS

9. 与其他操作系统相比，鸿蒙操作系统的特性有（　　）。

A. 适用于环境恶劣的场合
B. 运行于Linux Kernel之上，但并不是GNU/Linux
C. 多端部署，实现跨终端生态共享
D. 和多数UNIX系统兼容，应用程序的开发和移植非常容易

10. Android是（　　）公司开发的操作系统。

A. WindRiver　　B. Google　　C. Apple　　D. QNX

二、填空题

1. 嵌入式系统是以应用为中心，以________为基础，软硬件________，功能、可靠性、成本、体积、功耗严格要求的________系统。

2. 嵌入式系统由________和________两大部分组成。________是嵌入式系统的物理基础，而________是嵌入式系统的灵魂。

3. 嵌入式系统硬件由________和________两部分组成。

4. 目前使用最广泛的嵌入式处理器体系结构有________、________、________等。

5. 嵌入式系统外围设备按功能可以分为________、________和________。

6. 一般情况下，嵌入式操作系统可以分为两类：一类是面向控制、通信等领域的________；另一类是面向消费电子产品的________。

7. 将Linux植入嵌入式设备具有许多优点：首先，它是________的；其次，Linux可以________，且非常稳定。

8. Harmony OS是一款全新的基于________的面向全场景的________操作系统。

9. 嵌入式系统开发分为________部分和________部分，通常采用________开发模式。

三、简答题

1. 简述嵌入式系统的定义和特点。

2. 简述嵌入式系统的组成。

3. 简述嵌入式系统的开发流程。

4. 什么是交叉编译？为什么在嵌入式系统开发中要采用交叉编译开发？

第 2 章

ARM 架构与汇编指令

ARM（advanced RISC machines）既是一个公司的名字，也是一类微处理器的统称，还可以认为ARM是一种技术。ARM处理器在嵌入式系统中的应用十分广泛，本章将介绍ARM处理器的基本知识和ARM处理器中常用的汇编指令。

本章主要内容：

- ARM处理器简介。
- ARM工作模式及寄存器。
- ARM汇编指令。

2.1 ARM 处理器简介

2.1.1 ARM公司简介

1991年ARM公司成立于英国剑桥，是由苹果、Arcon、VLSI、Technology等公司合资成立。2016年，软银以314亿美元收购ARM。

ARM公司是专门从事基于精简指令集计算机（reduced instruction set computer，RISC）技术芯片设计开发的公司，作为知识产权（intellectual property，IP）供应商，本身不直接从事芯片生产，靠转让设计许可由合作公司生产各具特色的芯片。世界各大半导体生产商从ARM公司购买其设计的ARM微处理器核，根据各自不同的应用领域，加入适当的外围电路，从而形成自己的ARM微处理器芯片进入市场。

ARM对合作伙伴设置三级授权模式。

① 使用层级授权：最低的授权层级，可以使用封装完毕的ARM处理器核心，可通过增加封装之外的DSP核心的形式实现更多的功能和特性，不可改变原有设计。

② 内核层级授权：可以内核为基础添加外设，如USART、GPIO、SPI、ADC等，最终形成新的MCU，代表厂商为三星、得州仪器、博通、飞思卡尔、富士通等。

③ 架构/指令集层级授权：可以对ARM架构或ARM指令集进行改造以实现自行设计处理器，如苹果在ARM v7-A架构基础上开发出苹果Swift架构。代表厂商为高通Krait、Marvell以及华为、飞腾等。

仅在2021年，全球范围内使用ARM技术的芯片出货量已高达292亿颗。2022年第三季度，合作伙伴采用ARM架构芯片的出货量达到80亿片，创单季新高，累计出货量正式跨过2 500亿片。目前，持有ARM授权的半导体公司包括Atmel、Broadcom、Cirrus Logic、飞思卡尔、富士通、英特尔、IBM、英伟达、新唐科技、英飞凌、任天堂、恩智浦半导体、三星电子、Sharp、

STMicroelectronics、得州仪器和VLSI等，均拥有各个不同形式的ARM授权。

2.1.2 ARM架构

处理器架构定义了处理器所使用的指令集（instruction set architecture，ISA）和基于这一体系结构上的编程模型。ARM是一个32位RISC处理器架构。相较于复杂指令集计算机（complex instruction set computer，CISC），精简指令集计算机（reduced instruction set computer，RISC）特点如下：

① 指令集：RISC减少了指令集的种类，通常一个周期一条指令，采用固定长度的指令格式，编译器或程序员通过几条指令完成一个复杂的操作。而CISC指令集的指令长度通常不固定。

② 流水线：RISC采用单周期指令，且指令长度固定，便于流水线操作执行。

③ 寄存器：RISC的处理器拥有更多的通用寄存器，寄存器操作较多。例如，ARM处理器的Load/Store结构使用加载/存储指令批量从内存中读/写数据，提高数据的传输效率。

④ 寻址方式简化，指令长度固定，指令格式和寻址方式种类减少

ARM处理器具有指令长度固定，执行效率高，成本低等特点，在嵌入式系统中广泛应用。到目前为止，ARM架构共定义了九个版本，以版本号v1 ~ v9表示，各版本特点如下：

1. 版本1（v1）

① 基本数据处理指令（不包括乘法）。

② 字节、字以及半字加载/存储指令。

③ 分支（branch）指令，包括用于子程序调用的分支与链接（branch-and-link）指令。

④ 软件中断指令，用于进行操作系统调用。

⑤ 26位地址总线。

2. 版本2（v2）

与版本1相比，版本2增加了下列指令：

① 乘法和乘加指令。

② 支持协处理器。

③ 原子性加载/存储指令SWP和SWPB（稍后的版本称v2a）。

④ 快速中断模式中的两个以上的分组寄存器。

3. 版本3（v3）

版本3较以前的版本发生了大的变化，具体改进如下：

① 推出32位寻址能力。

② 分开的CPSR（current program status register，当前程序状态寄存器）和SPSR（Saved program status register，备份的程序状态寄存器），当异常发生时，SPSR用于保存CPSR的当前值，从异常退出时则可由SPSR来恢复CPSR。

③ 增加了两种异常模式，使操作系统代码可方便地使用数据访问中止异常、指令预取中止异常和未定义指令异常。

④ 增加了MRS指令和MSR指令，用于完成对CPSR和SPSR寄存器的读/写；修改了原来从异常中返回的指令。

4. 版本4（v4）

版本4在版本3的基础上增加了如下内容：

① 有符号、无符号的半字和有符号字节的load和store指令。

② 增加了T变种，处理器可工作于Thumb状态，在该状态下，指令集是16位压缩指令集（Thumb指令集）。

③ 增加了处理器的特权模式。在该模式下，使用的是用户模式下的寄存器。

另外，在版本4中还清楚地指明了哪些指令会引起未定义指令异常。版本4不再强制要求与以前的26位地址空间兼容。

5. 版本5（v5）

与版本4相比，版本5增加或修改了下列指令：

① 提高了T变种（Thumb指令集）中ARM/Thumb指令混合使用的效率。

② 增加了前导零计数（CLZ）指令。

③ 增加了BKPT（软件断点）指令。

④ 为支持协处理器设计提供了更多的可选择的指令。

⑤ 更加严格地定义了乘法指令对条件标志位的影响。

6. 版本6（v6）

该版本在降低耗电的同时，还强化了图形处理功能。通过追加有效多媒体处理的单指令流多数据流（single instruction multiple datastream，SIMD）功能，将语音及图像的处理功能提高到了原机型的4倍。ARM v6首先在2002年春季发布的ARM11处理器中使用。除此之外，v6还支持多微处理器内核。

7. 版本7（v7）

ARM v7架构是在ARM v6架构的基础上诞生的。该架构采用了Thumb-2技术。Thumb-2技术是在ARM的Thumb代码压缩技术的基础上发展起来的，并且保持了对现存ARM解决方案的完整的代码兼容性。Thumb-2技术比纯32位代码少使用 31%的内存，减小了系统开销，同时能够提供比已有的基于Thumb技术的解决方案高出38%的性能。ARM v7架构还采用了NEON技术，将DSP和媒体处理能力提高了近4倍，并支持改良的浮点运算，满足下一代3D图形、游戏物理应用以及传统嵌入式控制应用的需求。此外，ARM v7还支持改良的运行环境，以迎合不断增加的JIT（just in time）和DAC（dynamic adaptive compilation）技术的使用。另外，ARM v7架构对于早期的ARM处理器软件也提供很好的兼容性。

ARM v7架构定义了三大分工明确的系列：A系列面向尖端的基于虚拟内存的操作系统和用户应用；R系列针对实时系统；M系列对微控制器和低成本应用提供优化。值得一提的是：在命名方式上，基于ARM v7架构的ARM处理器不再沿用过去的命名方式，而是冠以Cortex的代号。基于v7A的称为Cortex-A系列，基于v7R的称为Cortex-R系列，基于v7M的称为Cortex-M系列。

三个Cortex系列的应用场景见表2.1。

表 2.1　Cortex 系列应用场景

Cortex系列	意　义	场　景
Cortex-M	microcontrol（微控制器）	类似于单片机，如stm32
Cortex-A	application（应用级处理器）	应用于手机、平板计算机、PC等
Cortex-R	realtime（实时处理器）	响应速度快，主要用于工业、航天领域

本书所使用的三星Exynos 4412是一款基于Cortex-A9核心的微处理器芯片，而Cortex-A9

处理器则是基于ARM v7-A架构。

8. 版本8（v8）

ARM v8-A将64位架构支持引入ARM架构中，其中包括：

① 64位通用寄存器、SP（堆栈指针）和PC（程序计数器）。

② 64位数据处理和扩展的虚拟寻址。

两种主要执行状态：

① AArch64 - 64位执行状态，包括该状态的异常模型、内存模型、程序员模型和指令集支持。

② AArch32 -32位执行状态，包括该状态的异常模型、内存模型、程序员模型和指令集支持。

这些执行状态支持三个主要指令集：

① A32（或ARM）：32位固定长度指令集，通过不同架构变体增强部分32位架构执行环境，现在称为AArch32。

② T32（Thumb）是以16位固定长度指令集的形式引入的，随后在引入Thumb-2技术时增强为16位和32位混合长度指令集。部分32位架构执行环境现在称为AArch32。

③ A64：提供与ARM和Thumb指令集类似功能的32位固定长度指令集。随ARM v8-A一起引入，它是一种AArch64指令集。

9. 版本9（v9）

2021年5月25日晚，ARM发布了针对移动端的ARM v9体系新架构。这是自2011年发布v8架构以来，ARM首次在指令集级别上做出的一个大更新。

ARM v9架构有三个侧重点，分别是AI、矢量和DSP性能改进、安全性。在具体细节上，ARM v9架构沿用AArch64基准指令集，并在功能方面添加了一些非常重要的扩展，并针对v9架构新特征以及多年来发布的各种v8架构扩展进行软件层面的基准重定。

2.2 ARM工作模式及寄存器

2.2.1 ARM工作模式

ARM微处理器支持下面八种工作模式（运行模式）。

① 用户模式（user,usr）：正常程序执行模式。

② 快速中断模式（fast interrupt request,fiq）：高优先级的中断产生会进入该种模式，用于高速通道传输。

③ 外部中断模式（interrupt request,irq）：低优先级中断产生会进入该模式，用于普通的中断处理。

④ 管理模式（supervisor,svc）：复位和软中断指令执行时会进入该模式，是一种供操作系统使用的保护模式。

⑤ 数据访问终止模式（abort,abt）：当存储异常时会进入该模式，用于虚拟存储或存储保护。

⑥ 未定义指令中止模式（undefined,und）：执行未定义指令会进入该模式。

⑦ 系统模式（system,sys）：使用和User模式相同的寄存器集，用于运行特权级操作系统任务。

⑧ 监控模式（monitor,mon）：可以在安全模式和非安全模式之间切换。

在上述几种模式中，除用户模式外，其余七种工作模式都属于特权模式。在特权模式下，程序可以访问所有的系统资源，也可以任意地进行处理器模式切换。特权模式中除了系统模式以外的其余六种模式又称为异常模式。

大多数程序运行于用户模式，进入特权模式是为了处理中断、异常，或者访问被保护的系统资源。在每一种异常模式中，都有一组专用寄存器以供相应的异常处理程序使用。

2.2.2 ARM寄存器组织

ARM处理器内部有40个32位寄存器，其中33个为通用寄存器，7个为状态寄存器。但这些寄存器不能被同时访问，具体哪些寄存器是可编程访问的，取决于微处理器的工作状态及具体的运行模式。但在任何时候，通用寄存器R14 ~ R0、程序计数器PC、一个或两个状态寄存器都是可访问的。

1. 通用寄存器

通用寄存器包括R0 ~ R15，可以分为下面三类。

① 未分组寄存器R0~R7：在所有的运行模式下，未分组寄存器都指向同一个物理寄存器，它们未被系统用作特殊的用途。因此，在中断或异常处理进行运行模式转换时，由于不同的处理器运行模式均使用相同的物理寄存器，可能会造成寄存器中数据的破坏。

② 分组寄存器R8~R14：对于分组寄存器，它们每一次所访问的物理寄存器与处理器当前的运行模式有关。对于R8 ~ R12来说，每个寄存器对应两个不同的物理寄存器，当使用fiq模式时，访问寄存器R8_fiq ~ R12_fiq；当使用除fiq模式以外的其他模式时，访问寄存器R8_usr ~ R12_usr。对于R13、R14来说，每个寄存器对应七个不同的物理寄存器，其中的一个是用户模式与系统模式共用，另外六个物理寄存器对应于其他六种不同的运行模式，并采用以下的记号来区分不同的物理寄存器：

R13_<mode>

R14_<mode>

其中，mode可为usr、fiq、irq、svc、abt、und、mon。ARM寄存器组织和状态寄存器组如图2.1所示。

sys/usr	fiq	svc	abort	irq	undefined	mon
R0	R0	R0	R0	R0	R0	R0
R1	R1	R1	R1	R1	R1	R1
R2	R2	R2	R2	R2	R2	R2
R3	R3	R3	R3	R3	R3	R3
R4	R4	R4	R4	R4	R4	R4
R5	R5	R5	R5	R5	R5	R5
R6	R6	R6	R6	R6	R6	R6
R7	R7	R7	R7	R7	R7	R7
R8	R8_fiq	R8	R8	R8	R8	R8
R9	R9_fiq	R9	R9	R9	R9	R9
R10	R10_fiq	R10	R10	R10	R10	R10
R11	R11_fiq	R11	R11	R11	R11	R11
R12	R12_fiq	R12	R12	R12	R12	R12
R13	R13_fiq	R13_svc	R13_abt	R13_irq	R13_und	R13_mon
R14	R14_fiq	R14_svc	R14_abt	R14_irq	R14_und	R14_mon
R15	R15	R15	R15	R15	R15	R15

（a）ARM寄存器组织

图2.1 ARM寄存器组织和状态寄存器组

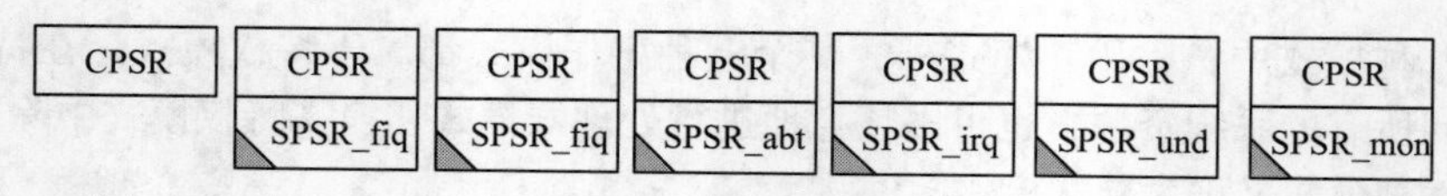

（b）ARM状态寄存器组

图 2.1　ARM 寄存器组织和状态寄存器组（续）

寄存器R13在ARM指令中常用作堆栈指针（SP），但这只是一种习惯用法，用户也可使用其他的寄存器作为堆栈指针。而在Thumb指令集中，某些指令强制性地要求使用R13作为堆栈指针。

由于处理器的每种运行模式均有自己独立的物理寄存器R13，在用户应用程序的初始化部分，一般都要初始化每种模式下的R13，使其指向该运行模式的栈空间。这样，当程序的运行进入异常模式时，可以将需要保护的寄存器放入R13所指向的堆栈，而当程序从异常模式返回时，则从对应的堆栈中恢复，采用这种方式可以保证异常发生后程序的正常执行。

R14称为连接寄存器（link register，LR），当执行子程序调用指令（BL）时，R14可得到R15[程序计数器（PC）]的备份。在每一种运行模式下，都可用R14保存子程序的返回地址。当用BL或BLX指令调用子程序时，将PC的当前值赋值给R14，执行完子程序后，又将R14的值赋值回PC，即可完成子程序的调用返回。

③ 程序计数器（R15）：寄存器R15用作程序计数器。由于ARM架构采用了多级流水线技术，对于ARM指令集而言，PC总是指向当前指令的下两条指令的地址，即PC的值为当前指令的地址值加8个字节。

2. 程序状态寄存器

当前程序状态寄存器（current program status register，CPSR）可以在任何处理器模式下被访问。每一种处理器模式下都有一个专用的物理寄存器作备份程序状态寄存器（saved program status register，SPSR）。当异常或中断发生时，这个物理寄存器负责存放CPSR的内容。当异常处理程序返回时，再将其内容恢复到CPSR寄存器中。

CPSR寄存器（和保存它的SPSR寄存器）格式中的位分配如图2.2所示。

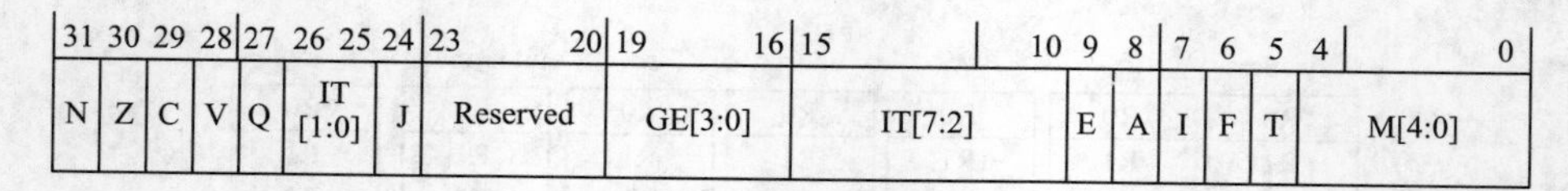

图 2.2　当前程序状态寄存器格式

（1）条件码标志

N、Z、C、V、Q这最高的5位称为条件码标志。ARM的大多数指令可以条件执行，即通过检测这些条件码标志来决定程序指令如何执行。

各个条件码的含义如下：

① N：在结果是有符号的二进制补码情况下，如果结果为负数，则N=1；如果结果为非负数，则N=0。

② Z：如果结果为0，则Z=1；如果结果为非零，则Z=0。

③ C：其设置分以下几种情况：

- 对于加法指令（包含比较指令CMN），如果产生进位，则C=1；否则C=0。
- 对于减法指令（包括比较指令CMP），如果产生借位，则C=0；否则C=1。

• 对于有移位操作的非法指令，C为移位操作中最后移出位的值。

• 对于其他指令，C通常不变。

④ V：对于加减法指令，在操作数和结果是有符号的整数时，如果发生溢出，则V=1；如果无溢出发生，则V=0；对于其他指令，V通常不发生变化。

⑤ Q：累积饱和位，置为1表示某些指令中发生溢出或饱和，通常与数字信号处理（DSP）有关。

（2）控制位

CPSR的低八位I、F、T、M[4:0]统称为控制位。当异常或中断发生时这些位发生变化。在特权级的处理器模式下，软件可以修改这些控制位。

① 中断控制位I和F：I=1时，表示禁止IRQ中断；F=1时，表示禁止FIQ中断。

② T：T=0表示处理器处于ARM状态（即正在执行32位的ARM指令）；T=1表示处理器处于Thumb状态（即正在执行16位的Thumb指令）。该标志位只在T系列的ARM处理器上才有效，在非T系列的ARM版本中，T位将始终为0。

③ M[4:0]：模式控制位，这些位的组合确定了处理器处于哪种运行模式。表2.2列出了其具体含义。

表 2.2　模式控制位 M[4:0]

M[4:0]组合	处理器模式	M[4:0]组合	处理器模式
0b10000	用户模式（usr）	0b10001	快速中断模式（fiq）
0b10010	外部中断模式（irq）	0b10011	管理模式（svc）
0b10111	数据访问终止模式（abt）	0b11111	系统模式（sys）
0b11011	未定义指令中止模式（und）	0b10110	监控模式（mon）

（3）其他标识位

① IT[7:2]：IF...THEN标志位，用于if...then...else这一类语句块的控制。

② A位：表示异步异常禁止位。

③ GE[3:0]：用于表示单指令多数据流（single instruction multiple data，SIMD）指令集中的大于、等于标志。在任何模式下该位都可读可写。

④ E位：表示大小端控制位，0表示小端控制，1表示大端控制。

⑤ Reserved位：CPSR中的其余位为保留位，保留位将用于后期ARM版本的扩展。

在ARM架构中，可以用两种方式存储字数据（32位），称为大端格式和小端格式。

• 大端格式：字数据的高字节存储在低地址中，而低字节则存放在高地址中。

• 小端格式：低地址中存放字数据的低字节，而高地址存放的是字数据的高字节。

例如，将0x12345678存放在0x1000处，则大、小端的存放格式分别如图2.3所示。

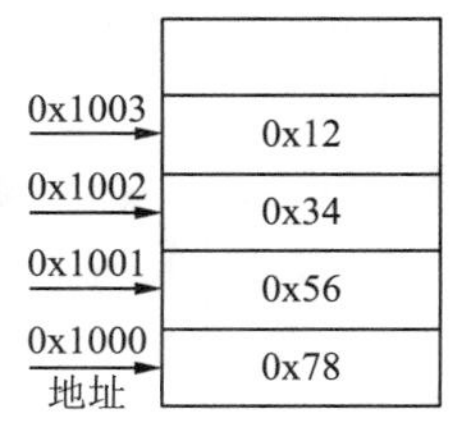

（a）小端格式

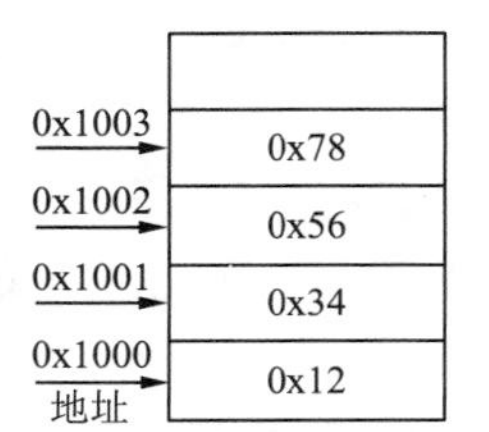

（b）大端格式

图 2.3　大、小端的存放格式示例

2.3 ARM汇编指令

ARM微处理器采用的是32位架构，支持ARM（32 bit）指令集和Thumb指令集（16 bit）。ARM指令在内存中，以二进制形式保存。ARM指令代码一般可以分为以下五个域：

[31:28]：条件码域。

[27:20]：指令码域，除指令编码外，还包含几个很重要的指令特征和可选后缀的编码。

[19:16]：地址基址R*n*，为R0～R15共16个寄存器编码。

[15:12]：目标或源寄存器R*d*，为R0～R15共16个寄存器编码。

[11:0]：地址偏移或操作寄存器、操作数区。

用助记符表示的ARM指令一般格式如下：

```
<opcode> {<cond>} {S}<Rd>,<Rn> {,<OP2>}
```

参数说明如下：

< >：括号里的内容必不可少。

{}：括号里的内容可省略。

opcode：操作码，如ADD表示加法。

cond：指令执行的条件域，如EQ、NE，省略则为默认AL，无条件执行。

S：决定指令的执行结果是否影响CPSR的值，使用该后缀则影响。

Rd：目的操作数的寄存器。

Rn：第一个操作数的寄存器。

OP2：第二个操作数，可以是立即数、寄存器、偏移地址。

例如，指令MOV EQ R0，R1。在此指令中，MOV为操作码，EQ为该指令执行的条件域，R0表示目的操作数的寄存器，R1为源操作数的寄存器。该指令表示当CPSR寄存器中Z=1时，将R1寄存器的值复制到R0寄存器中。

需要说明的是：

① ARM指令集中大多数指令都可以加后缀，使得指令的使用更加灵活，常见的后缀有S和“！”。

- S后缀：指令使用S后缀时，指令执行后程序状态寄存器的条件标志位被刷新；不使用S后缀时，条件标志位不改变S后缀，通常用于对条件进行测试，如是否溢出、进位等。
- “!”后缀：地址表达式中不含“!”，则基址寄存器中的地址值不会发生变化；含有“!”，基址寄存器中的地址值发生变化，变为原来的值再加上偏移地址。

② 指令的条件执行：当处理器工作在ARM状态时，几乎所有的指令均根据CPSR中条件码的状态和指令的条件域，有条件地执行。当指令的执行条件满足时，指令被执行，否则指令被忽略。ARM指令包含4位条件码，位于[31:28]，共16种，每种可用两个字母表示，它可以添加在指令助记符后面和指令同时使用。

③ 条件后缀和S后缀的关系：都存在时，S写后面，如ADDEQS。条件后缀是要测试条件标志位，而S后缀是要刷新条件标志位；条件后缀要测试的是执行前的标志位，而S后缀在执行后改变标志位。

指令条件码及相关说明见表2.3。

表 2.3　指令条件码及相关说明

条 件 码	助记符后缀	标　　志	含　　义
0000	EQ	Z=1	equal：相等
0001	NE	Z=0	not equal：不相等
0010	CS	C=1	carry set：有进位
0011	CC	C=0	carry clear：无进位
0100	MI	N=1	minus、negative：减、负数
0101	PL	N=0	plus、positive or zero：加、正数或零
0110	VS	V=1	overf low set：溢出
0111	VC	V=0	overf low clear：无溢出
1000	HI	C=1，Z=0	unsigned higher：无符号数大于
1001	LS	C=0，Z=1	unsigned lower or same：无符号数小于等于
1010	GE	N==V	signed greater than or equal：有符号数大于等于
1011	LT	N!=V	signed less than：有符号数小于
1100	GT	Z==0，N==V	signed greater than：有符号数大于
1101	LE	Z==1 或 N!=V	signed less than or equal：有符号数小于等于
1110	AL	忽略	无条件执行

ARM 指令可以分为六类：数据处理指令、分支指令、数据加载与存储指令、程序状态寄存器处理指令、协处理器指令、异常产生指令。

除此之外，还有一些特殊的指令助记符。这些指令助记符用来指导指令执行，是汇编器的产物，最终不会生成机器码。通常称这些特殊指令为汇编伪指令，他们所完成的操作称为伪操作。伪指令在源程序中的作用是为完成汇编程序做各种准备工作，这些伪指令仅在汇编过程中起作用，一旦汇编结束，伪指令的使命就完成。

ARM汇编环境搭建

ARM汇编指令和汇编伪指令较多，本书只讲述其中常用的一些指令。汇编指令的学习和汇编环境的搭建可参阅视频“ARM汇编环境搭建”。

1. 数据处理指令

数据处理指令对存放在寄存器中的数据进行操作，包括数据传送指令、逻辑运算指令、算术指令等。

（1）数据传送指令

将一个寄存器中的数据或立即数传送到另一个寄存器。指令格式如下：

```
MOV/MVN {cond} {S} <Rd>,<op1>
```

例如：

```
MOV     R13,#3                      ; 将立即数 3 送到 R13
MOV     R0,R1                       ; 将 R1 的值赋予 R0
MOV     R0,R1,LSL#2                 ; R1 的值逻辑左移 2 位后赋予 R0
MOV     R0,R1,LSR#2                 ; R1 的值逻辑右移 2 位后赋予 R0
MVN     R1,R2                       ; R2 的值按位取反后赋予 R1
```

（2）逻辑运算指令

逻辑运算是按位进行操作的，位之间没有进位或借位，没有数的正负大小之分。指令格式如下：

```
<opcode> {<cond>} {S}<Rd>, <Rn>, <OP2>
```

例如：

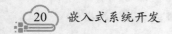

```
AND        R0,R1,#0XFF   ; R3R0=R1&0XFF
ORR        R3,R0,#0X0F   ; R3=R0|0X0F
BIC        R0,R0,#0X03   ; 清除R0中的0号位和1号位
TST        R0,#0X20      ; 测试第6位是否为0，为0则Z标志置1
CMP        R1,R0         ; 将R1与R0相减做比较，并根据结果设置CPSR的标志位
```

（3）算数指令

算数指令主要是加减法指令，实现两个32位数据的加减操作。通常与桶形移位器结合起来，实现许多灵活的功能。例如：

```
ADD        R0,R1,R2               ;R0=R1+R2
SUB        R0,R1,#3               ;R0=R1-3
SUB        R0,R1,R2,LSL#1         ;R0=R1-R2*2
MUL        R1,R2,R3               ;R1=R2*R3
```

2. 分支指令

分支指令用于实现程序流程的跳转，这类指令可以用来改变程序的执行流程，或者调用子程序。程序流程跳转有两种办法：一是使用分支指令；二是直接往PC寄存器写入地址值。例如：

```
B          main    ; 跳转到标号为main地代码处
BL         func    ; 保存下一条要执行的指令的位置到LR寄存器，跳转到func函数执行，
                   ; 当跳转代码结束后，用MOV PC,LR指令再跳转回来
BEQ        addr    ; 当CPSR寄存器中的Z条件码置位时，跳转到addr地址处
BNE        addr    ; 当不等时，跳转到地址addr
```

【例2.1】用ARM汇编指令实现延时1s的函数。

```
@delay 1 second                     ; 汇编程序注释语句
DELAY1S:
LDR       R4,=0X3FFFF               ; @汇编伪指令; R4=0x3FFFF
LOOP_DELAY1S:
SUB       R4,R4,#1
CMP       R4,#0
BNE       LOOP_DELAY1S
DELAY1S_END:
MOV       PC,LR
```

3. 数据加载与存储指令

（1）单寄存器加载与存储指令

ARM处理器是加载/存储体系结构的处理器，对于存储器的访问只能通过加载和存储指令实现。数据加载（load）与存储（store）用于在存储器和处理器之间传递数据。load用于把内存的数据装入寄存器，Store则用于把寄存器的数据装入内存。

ARM指令中的地址索引也是指令的一个功能，索引作为指令的一部分，它影响指令的执行结果。地址索引分为前索引（pre-indexed）、自动索引（auto-indexed）、后索引（post-indexed）。

① 前索引：也称为前变址，这种索引是在指令执行前，把偏移量和基址相加减，得到的值作为寻址的地址。

② 自动索引：也称为自动变址，有时为了修改基址寄存器的内容，使之指向数据传送地址，可以用来自动修改基址寄存器。

③ 后索引：也称为后变址，就是用基址寄存器的地址寻址，找到操作数后，完成指令要求的操作，最后把偏移量加到基址寄存器中。

举例说明：

• 使用标号：

```
LDR         R4,START                ;将存储地址为 START 的 32 位数据送入 R4
STR         R5,DATA1                ;将 R5 的数据存放到地址 DATA1 中
```

• 前索引：

```
LDR         R0,[R1]                 ;将 R1 地址指向的值送入 R0
LDR         R0,[R1,R2]              ;将存储器地址为 R1+R2 的值送入 R0
LDR         R0,[R1,#8]              ;将存储器地址为 R1+8 的值送入 R0
LDR         R0,[R1,R2,LSL #2]       ;将存储器地址为 R1+R2<<2 的值送入寄存器 R0
```

• 自动索引：

```
STR         R0,[R1,R2]!             ;将 R0 数据存 入寄存器地址为 R1+R2 的存储单元中，
                                    ;并将新地址 R1+R2 写入 R1
STR         R0,[R2,#8]!             ;将 R0 数据存入寄存器地址为 R1+8 的存储单元中，
                                    ;并将新地址 R1+8 写入 R1
STR         R0,[R1,R2,LSL #2]!      ;将 R0 数据存入寄存器地址为 R1+R2<<2 的存储单元中，
                                    ;并将新地址 R1+R2<<2 写入 R1
```

• 后索引：

```
LDR         R0,[R1],#8              ;将存储器地址为 R1 的值送入 R0，然后将新地址
                                    ;R1+8 写入 R1
LDR         R0,[R1],R2              ;将存储器地址为 R1 的值送入 R0，然后将新地址
                                    ;R1+R2 写入 R1
LDR         R0,[R1],R2,LSL #2       ;将存储器地址为 R1 的值送入 R0，然后将新地址
                                    ;R1+R2<<2 写入 R1
```

在上述指令中，若要加载或存储的不是一个字数据（32 bit），而是一个半字数据（16 bit）或者一个字节（8 bit）的数据，则分别使用LDRH/STRH和LDRB/STRB指令。

（2）多寄存器加载与存储指令

多寄存器加载/存储指令，也称为批量数据加载/存储指令，可以一次在连续的存储器单元和多个寄存器之间传送数据。多寄存器加载/存储指令在数据块操作、上下文切换、堆栈操作等方面比单寄存器指令效率更高。

指令语法格式如下：

```
LDM/STM {cond}{<type>} <Rn>{!},<registers>{^}
```

LDM指令用于从基址寄存器R*n*所指向的连续存储器读取数据，放入寄存器列表regs中，一般用于多个寄存器出栈。

STM指令用于将寄存器列表中多个寄存器的值，存入由基址寄存器所指示的连续存储器中。

type表示类型，用于数据存储和读取时有以下几种情况：

• IA：每次传送后地址值加。

• IB：每次传送前地址值加。

• DA：每次传送后地址值减。
• DB：每次传送前地址值减。

用于堆栈操作时有如下情况：
• FD：满递减堆栈。
• ED：空递减堆栈。
• FA：满递增堆栈。
• EA：空递增堆栈。

{! }为可选后缀，选用后，当数据加载或存储完毕，将最后的地址写入基址寄存器，基址寄存器不允许R15。

{^}为可选后缀，当指令为LDM且寄存器列表含有R15时，还会将SPSR复制到CPSR，同时该后缀还表示传输的是用户模式下的寄存器。例如：

```
LDMIA   R0！，{R3-R10}          ；R0中地址指向的内容批量，加载到R3～R10
                                ；寄存器中，R0中的地址会自动加4
STMIA   R0！，{R3-R10}          ；把R3～R10寄存器中内容，存储到R0中的地
                                ；址空间中，R0中地址会自动加4
STMFD   SP！，{R0 - R12,LR}     ；将寄存器R0～R12、LR中的值存入栈中
                                ；常用于中断保护现场，！表示会自动偏移
LDMFD   SP！，{R0-R12,PC}^      ；将栈中值逐个弹出到寄存器R0~R12、PC中
                                ；常用于中断恢复现场，^表示会恢复SPSR到CPSR
```

4. 程序状态处理器指令

ARM指令集提供了两条指令，可直接控制程序状态寄存器（program status register，PSR）。MRS指令用于把CPSR或SPSR的值传送到一个寄存器；MSR与之相反，把一个寄存器的内容传送到CPSR或SPSR。这两条指令相结合，可用于对CPSR和SPSR进行读/写操作。指令的语法格式如下：

```
MRS {cond} <Rd>,<PSR>
MSR {cond} <PSR_field>,Rm
MSR {cond} <PSR_field>,immed_8r
```

其中，Rd为目标寄存器，但不允许为程序计数器（PC）。PSR为CPSR或SPSR。<field>为状态寄存器中需要操作的位。

状态寄存器的32位可以分为4个8位的域（field）。

① 位[31:24]为条件标志位域，用f表示。

② 位[23:16]为状态位域，用s表示。

③ 位[15:8]为扩展位域，用x表示。

④ 位[7:0]为控制位域，用c表示。

例如：

```
MRS        R1,CPSR              ；将CPSR寄存器的值读取保持到R1寄存器
MSR        CPSR_c,#0xD3         ；CPSR[7:0]=0xD3，切换到管理模式
```

注意：只有在特权模式下才能修改状态寄存器。

5. 协处理器指令

ARM架构支持16个协处理器，用于扩展ARM处理器功能。16个协处理器编号为CP0～CP15。当一个协处理器硬件不能执行属于它的协处理器指令时，将产生未定义指令异常

中断。利用该异常中断处理程序可以软件模拟该硬件操作。例如：

```
MRC     P15,0,R0,C1,C0,0       ; 将协处理器 CP15 的寄存器 C1 的值读到 R0 寄存器
MCR     P14,1,R7,C7,C12,6      ; 将 R7 寄存器的值传送到协处理器 CP14 的 C7 寄存器中
LDC     P5,C2,[R2]             ; 读取 R2 指向的内存单元的数据，送到协处理器 P5 的
                               ; C2 寄存器中
STC     P5,C2,[R2]             ; 将协处理器 P5 的 C2 寄存器写入 R2 指向的内存单元
```

6. 异常产生指令

常用的异常产生指令是软件中断指令。

软件中断指令（software interrupt，SWI）用于产生软中断，实现从用户模式变换到管理模式，CPSR保存到管理模式的SPSR中，执行转移到SWI向量。在其他模式下也可以使用SWI指令，处理器同样切换到管理模式。

```
SWI  0X02                      ; 产生软中断，软中断号为 2
```

SWI指令后面的24位数用来做用户程序和软中断处理程序之间的接头暗号。通过该软中断立即数来区分用户不同操作，执行不同内核函数。

7. 汇编伪指令

伪指令本质上不是指令（只是和指令一起写在代码中），它是编译器环境提供的，目的是用来指导编译过程，经过编译后伪指令最终不会生成机器码。

常用的汇编伪指令有：

```
.text                          ; 将定义符开始的代码编译到代码段
.data                          ; 将定义符开始的代码编译到数据段
.end                           ; 文件结束
.equ  GPG3CON, 0XE03001C0      ; 定义宏（即用 GPG3CON 代替 0XE03001C0）
.byte                          ; 定义变量 1 字节
.word                          ; 定义 word 变量（4 字节 32 位机）
.string                        ; 定义字符串 .string  "abcd\0"
ldr r0,=0xE0028008             ; 载入大常数 0xE0028008 到 r0 中
.global  _start                ; 声明 _start 为全局符号
```

【例2.2】用汇编指令实现字符串的复制。

```
.text
START:
    LDR  R5,=SRCBUF            ; 将 SRCBUF 标号处的地址赋给 R5
    LDR  R6,=DESTBUF           ; 将 DESTBUF 标号处的地址赋给 R6
LOOP:
    LDRB R4,[R5]
    CMP  R4,#0
    BEQ  MAIN_END
    LDRB R0,[R5],#1
    STRB R0,[R6],#1
    B    LOOP
MAIN_END:
    B    MAIN_END
SRCBUF:
    .STRING  "ABCDEFG\0"
    .DATA
```

```
DESTBUF:
    .SPACE  8
.end
```

实验 2　汇编程序点亮 LED 灯

汇编程序点亮LED灯

【实验目的】

① 熟悉嵌入式Linux交叉开发环境的网络配置。

② 了解交叉编译开发流程。

【实验步骤】

1. 启动虚拟机中的Ubuntu系统，搭建开发环境

本实验使用TFTP服务来下载应用程序，因此需要配置华清远见的FS4412实验箱以及虚拟机的IP地址。将FS4412实验箱（以下简称实验箱）、本机IP与虚拟机的IP地址设置为同一号段，即IP地址的前三段是相同的。具体方法如下：

① 查看PC的IP地址。打开“开始”菜单，输入cmd命令，打开命令行窗口。

② 在命令行窗口输入ipconfig，查看本机IP地址。

③ 打开虚拟机，输入$ ifconfig命令，查看虚拟机的IP地址。

④ 若虚拟机IP地址与PC的IP地址不在同一号段，则输入$ sudo vim /etc/network/interfaces，配置虚拟机网络环境。

⑤ 配置完成后，保存退出。

⑥ 输入$ sudo /etc/init.d/networking restart，应用网络修改。

假设PC的IP地址为192.168.190.2，那么可以为Ubuntu分配一个IP为192.168.190.52的静态IP地址。

⑦ 连接实验箱电源线、网线。串口线一端连接到实验箱串口2，另一端连接PC的USB端口。

⑧ 右击PC上的“计算机”（或“此电脑”）图标弹出快捷菜单，选择“管理”→“设备管理器”命令，查看串口连接端口。

⑨ 启动串口程序PuTTY，设置串口参数如图2.4、图2.5所示。

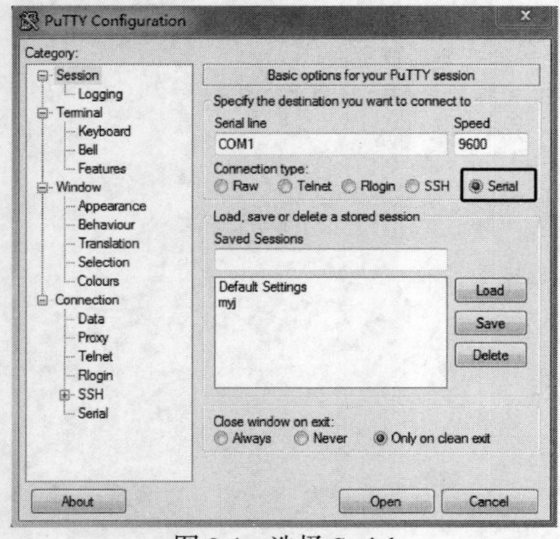

图 2.4　选择 Serial

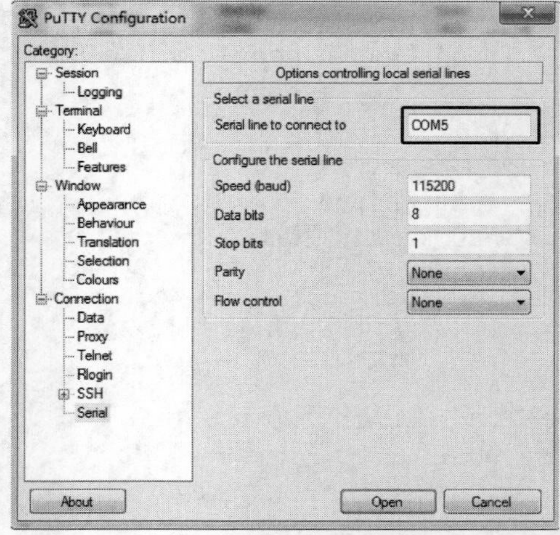

图 2.5　设置串口参数

⑩ 实验箱上电，当出现倒计时的时候，按空格键，使实验箱的启动程序停留在Uboot处。

⑪ 修改开发板环境变量。

```
# pri                                 //查看实验箱的环境变量
# setenv serverip 192.168.190.52 //设置服务器IP地址，即ubuntu虚拟机IP地址
# setenv ipaddr 192.168.190.102 //设置实验箱的IP地址，与主机、虚拟机在同一号段
# saveenv                             //保存环境变量
# ping 192.168.190.52                 //检查网络是否连通
```

2. 编写汇编程序

在Linux用户目录下新建文件夹，如~$ mkdir -p myj/01。进入myj/01目录下，创建start.S文件，输入以下代码后，保存退出。

```
/*  start.S  */
.equ   GPX1CON, 0x11000C20
.equ   GPX1DAT, 0x11000C24
.text
.global _start
_start:
        LDR        R0,=GPX1CON
        LDR        R1,=0X1
        STR        R1,[R0]          ;写控制寄存器，I/O引脚使能为输出
LOOP:
        LDR        R0,=GPX1DAT
        MOV        R1,#0X1          ;点亮led4
        STR        R1,[R0]
        LDR        R2,=0XFFFFFfF    ;延时
LOOP1:
        SUB        R2,R2,#1
        CMP        R2,#0
        BNE        LOOP1
        MOV        R1,#0X0          ;熄灭led4
        STR        R1,[R0]
        LDR        R2,=0XFFFFFfF    ;延时
LOOP2:
        SUB        R2,R2,#1
        CMP        R2,#0
        BNE        LOOP2
        B          LOOP
        .end
```

3. 创建连接文件和Makefile

在同级目录下创建连接文件和Makefile，内容如下：

```
/*  map.lds  */
OUTPUT_FORMAT("elf32-littlearm", "elf32-littlearm", "elf32-littlearm")
/*OUTPUT_FORMAT("elf32-arm", "elf32-arm", "elf32-arm")*/
OUTPUT_ARCH(arm)
ENTRY(_start)
SECTIONS
{
    . =0x40008000;
```

```
    .=ALIGN(4);
    .text:
    {
        start.o(.text)
        *(.text)
    }
    .=ALIGN(4);
    .rodata:
    { *(.rodata) }
    .=ALIGN(4);
    .data :
    { *(.data) }
    .=ALIGN(4);
    .bss:
     { *(.bss) }
}

/*  Makefile  */
all:start.S
     arm-none-linux-gnueabi-gcc -O0 -g -c -o start.o start.S
     arm-none-linux-gnueabi-ld  start.o -Tmap.lds -o start.elf
     arm-none-linux-gnueabi-objcopy   -O binary -S start.elf start.bin
     arm-none-linux-gnueabi-objdump   -D start.elf > start.dis
clean:
     rm -rf *.o *.bin *.elf *.dis
```

4. 交叉编译start.S汇编程序

在Ubuntu中输入make命令，交叉编译start.S汇编程序。

5. 复制编译生成后的start.bin文件到tftpboot目录下

```
$ cp start.bin  /tftpboot/
```

6. 下载程序

在PuTTY窗口输入：#tftp 40008000 start.bin，按【Enter】键，等待下载完成。

7. 运行程序

在PuTTY窗口输入：#go 40008000，按【Enter】键，观察实验现象。

此时可看到实验箱上一个LED灯闪烁。

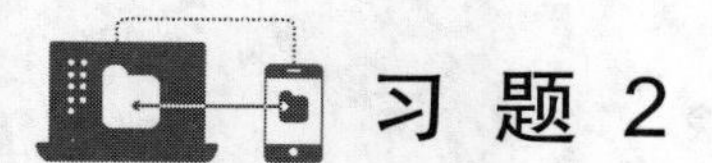

习 题 2

一、选择题

1. ARM是一个（　　）RISC处理器架构。

   A. 8位　　B. 16位　　C. 32位　　D. 64位

2. ARM指令集和Thumb指令集分别是（　　）位的。

   A. 8，16　　B. 16，32　　C. 16，16　　D. 32，16

3. 截至2021年6月，ARM架构共定义了（　　）个版本。

A. 9　　B. 8　　C. 7　　D. 6

4. ARM架构中，v3到v7版本具有（　　）位寻址能力。

A. 64　　B. 32　　C. 16　　D. 8

5. 自ARM（　　）版本之后，ARM版本具有64位数据处理和扩展的虚拟寻址能力。

A. v9　　B. v8　　C. v7　　D. v6

6. Cortex-A处理器属于（　　）体系结构。

A. v4　　B. v5　　C. v6　　D. v7

7. Exynos 4412是一款基于（　　）核心的微处理器芯片。

A. Cortex-A9　　B. Cortex-A8　　C. Cortex-A7　　D. Cortex-A6

8. 寄存器R13除了可以用作通用寄存器之外，还可以作为（　　）。

A. 程序计数器　　B. 堆栈指针寄存器　　C. 链接寄存器　　D. 基址寄存器

9. ARM寄存器组有（　　）个寄存器。

A. 32　　B. 36　　C. 40　　D. 48

10. 寄存器R15除可以做通用寄存器之外，还可以做（　　）。

A. 程序计数器　　B. 链接寄存器　　C. 堆栈指针寄存器　　D. 基址寄存器

11. 寄存器R14除可以做通用寄存器之外，还可以做（　　）。

A. 程序计数器　　B. 链接寄存器　　C. 堆栈指针寄存器　　D. 基址寄存器

12. 下面（　　）工作模式不属于ARM特权模式。

A. 用户模式　　B. 监控模式　　C. 系统模式　　D. 数据访问终止模式

13. 下面（　　）工作模式不属于ARM异常模式。

A. 快速中断模式　　B. 监控模式　　C. 系统模式　　D. 数据访问终止模式

14. 由于受到某种强干扰导致程序“跑飞”，ARM处理器最可能进入（　　）。

A. 系统模式　　B. 数据访问终止模式

C. 用户模式　　D. 未定义指令中止模式

15. 32位的字数据0x12345678采用大端格式存储，在内存中的正确排列（由小地址到大地址）方式是（　　）。

A. 78563412　　B. 12345678　　C. 87654321　　D. 21436587

16. 存储一个32位数0x876165到2000H～2003H四个字节单元中，若以小端格式存储，则2000H存储单元的内容为（　　）。

A. 0x00　　B. 0x87　　C. 0x65　　D. 0x61

17. 若R1=2000H，（2000H）=0x86，（2008H）=0x87，则执行指令LDR R0,[R1,#8]！后，R0的地址为（　　）。

A. 0x2000　　B. 0x28　　C. 0x2008　　D. 0x87

18. 假设R1=0x31，R2=0x2，则执行指令ADD R0,R1,R2 LSL #3后，R0的值为（　　）。

A. 0x33　　B. 0x37　　C. 0x41　　D. 0x43

19. 下列CPSR寄存器标志位的作用说法错误的是（　　）。

A. N: 负数　　B. Z: 零　　C. C: 进位　　D. V: 借位

20. 下列ARM汇编指令，错误的指令是（　　）。

A. MOV R0,#3　　B. MOV R0,#0x123456

C. MOV R0,R1　　D. MVN R0,R1

21. 在ARM架构中，可以采用（　　）方式从usr模式切换到svc模式。
A. 直接修改CPU状态寄存器（CPSR）对应的模式
B. 先修改程序状态备份寄存器（SPSR）到对应的模式，再更新CPU状态
C. 使用软件中断指令（SWI）
D. 让处理器执行未定义指令

22. CPSR中的低8位称为控制位，下列不属于控制位的是（　　）。
A. N　　B. I　　C. F　　D. T

23. ARM中可以访问状态寄存器的指令是（　　）。
A. MOV　　B. ADD　　C. LDR　　D. MRS

24. 下列条件码中表示不相等的是（　　）。
A. EQ　　B. NE　　C. CS　　D. CC

25. 下列条件码中表示无符号数小于的是（　　）。
A. HI　　B. LS　　C. CS　　D. CC

26. 下列ARM指令中，可用于满递增堆栈操作的是（　　）。
A. STMDA　　B. STMIA　　C. STMDB　　D. STMIB

27. ARM伪指令中，可用于大范围地址读取的是（　　）。
A. ADR　　B. ADRL　　C. LDR　　D. NOP

28. 同CISC相比，下面（　　）不属于RISC处理器的特征。
A. 采用固定长度的指令格式，指令规整、简单
B. 减少指令数和寻址方式，使控制部件简化，加快执行速度
C. 数据处理指令只对寄存器进行操作，只有加载/存储指令可以访问存储器，以提高指令的执行效率，同时简化处理器的设计
D. RISC处理器都采用哈佛结构

29. CPSR中的低8位称为控制位，其中I位等于1表示（　　）。
A. 禁止IRQ中断　B. 禁止FIQ中断　C. 允许IRQ中断　D. 允许FIQ中断

30. 在下列ARM处理器的各种模式中，只有（　　）模式不可自由地改变处理器的工作模式。
A. usr模式　　B. system模式　　C. abort模式　　D. irq模式

31. 若R1=5，R0=8，则执行CMP R1,R0指令后，下列叙述正确的是（　　）。
A. R1= −3　　B. R0= −3　　C. CPSR的V位置1　D. CPSR的N位置1

32. 与STR R0,[R1]汇编指令功能相近的C程序语句是（　　）。
A. R0=R1;　　B. R1=R0;　　C. R0=*R1;　　D. *R1=R0

33. 若SP的值为200，则执行STMFD SP!,{R0-R3}后，SP的值为（　　）。
A. 188　　B. 184　　C. 212　　D. 216

二、填空题

1. ARM既是一个________的名字，也是一类________的统称，还可以认为ARM是一种________。

2. ARM属于________处理器架构。

3. ARM处理器有两种状态，分别是________和________。

4. ARM指令集是________位宽，Thumb指令集是________位宽。

5. 复位后，ARM处理器处于________工作模式，________状态。

6. ARM状态下，SP寄存器指的是________、LR寄存器指的是________、PC寄存器指的是________。

7. ARM处理器内部有________个________位寄存器，其中________个为通用寄存器，________个为状态寄存器。

8. 在ARM的八种工作模式中，除________外，其余七种工作模式都属于特权模式。在特权模式中，除了________以外的其余六种模式又称为异常模式。

9. ARM v7架构定义了三大系列：________系列面向尖端的基于虚拟内存的操作系统和用户应用；________系列针对实时系统；________系列对微控制器和低成本应用提供优化。

10. ARM汇编指令中Load/Store指令是唯一用于________和________之间进行数据传送的指令。

11. 在ARM中，字数据（32位）的存储方式有两种：一种是________；另一种是________。

12. 在出栈指令LDMFD SP!A,{R0-R12,PC}^中，!表示________，^表示________。

13. 汇编程序流程跳转有两种办法：一是________；二是________。

14. ARM有八种基本工作模式，其中________模式与________模式具有相同的寄存器集。

15. 已知R0寄存器中的数值为0x35。如果想将R0寄存器中的值改写为0x14，使用的BIC指令为________。

16. 在Uboot中，显示系统环境变量用到的命令是________，将实验箱IP地址设置为192.168.190.17的命令是________，保存环境变量的命令是________。

17. RISC的意思是________，CISC的意思是________。

18. ARM v9架构有三个侧重点，分别是________、________、________。

三、简答题

1. ARM处理器工作模式有哪八种？并说明每种工作模式的含义。

2. ARM存储字数据有两种方式，即大端格式和小端格式，如果有一个32位字0x12345678存放的起始地址为0x00040000，在两种格式下分别如何存放？

3. CPSR的哪些位反映了处理器的状态？

4. 用汇编指令实现将ARM处理器从svc模式转换为usr模式。

5. 表示递增和递减的满堆栈和空堆栈有哪几种组合？当SP的值为0x4000时，试画出0x12345678入栈示意图。

6. B指令与BL指令有何区别？

7. 假设R0的内容为0x104，寄存器R1、R2的内容分别为0x01与0x10，存储器所有单元初始内容为0。连续执行下述指令后，说明存储器及寄存器的内容如何变化？

```
STMIB  R0!,{R1,R2}          //
LDMIA  R0!,{R1,R2}          //
```

8. 分析下列每条语句的功能，并确定程序段所实现的操作。

```
CMP     R0,0
MOVEQ   R1,0
MOVGT   R1,1
```

9. 在实验室局域网条件下，若PC的IP地址为192.168.100.52，虚拟机IP地址为192.168.190.52，实验箱IP地址为192.52.190.100，要使实验箱与虚拟机网络连通，应如何设置？

10. 查阅资料，了解我国芯片发展的现状。

四、编程题

1. ARM汇编程序实现打擂台算法，求出10个数中的最大值。
2. 用汇编实现求最大公约数？如9、15的最大公约数为3，C程序代码如下：

```
int GCD(int a,int b)
{
    while(1)
    {
        if(a==b)
            break;
        if(a>b){
            a=a-b;
        }else{
            b=b-a;
        }
    }
    return a;
}
```

3. 用汇编程序实现字符串"china"的逆序排放。

第3章

中断、异常和U-boot

中断在各种处理器中都扮演着非常重要的角色。对硬件的响应、任务的切换、异常的处理都离不开中断。了解ARM处理器中断和异常处理的相关知识，是学习ARM处理器的重要环节。

本章主要内容：

- 中断和异常概述。
- Bootloader操作模式及种类。

3.1 中断和异常概述

1. 中断和异常的概念

在处理器中，中断是一个过程，即CPU在正常执行程序的过程中，遇到外部/内部的紧急事件需要处理，暂时中断（中止）当前程序的执行，而转去为事件服务，待服务完毕，再返回到暂停处（断点）继续执行原来程序的过程。

为事件服务的程序称为中断服务程序或中断处理程序。严格来讲，上面描述的是针对硬件事件引起的中断而言。用软件方法也可以引起中断，即在程序中安排特殊的指令（如SWI指令），CPU执行到该类指令时，转去执行相应的一段程序，待该程序执行完毕后再返回执行原来的程序，可称为软中断。

在ARM处理器的几种工作模式中，irq称为外部中断模式；abt是数据访问中止模式，当存取异常时将会进入该模式。那么，中断（interrupt）和异常（exception）有哪些差别呢？通常认为，异常主要是从处理器被动接受的角度出发，而中断则带有向处理器主动申请的色彩。本书对异常和中断不做严格区分，两者都是指请求处理器打断正常的程序执行过程，进入特定程序循环的一种机制。

2. 中断源

中断源是指中断信号的来源。Exynos 4412处理器共支持160个中断源，包括16个为SGI（software generated interrupt）中断源、16个PPI（private peripheral interrupt）中断源和128个SPI（shared peripheral interrupt）中断源。

3. 中断优先级的概念

假设你正在看书，此时水壶里的水烧开了，同时手机的铃声也响起来了。此时先处理哪个、后处理哪个就存在一个优先级的问题。对处理器来说亦是如此，当多个中断源同时向处理器提交中断申请时，处理器会根据中断响应的优先级决定中断服务程序执行的顺序。不仅如此，在一个中断已经产生，又有一个中断随后产生的情况下，此时处理器也需要根据中断源的优先级来决定下一个动作。

ARM处理器有七种类型的异常，按优先级从高到低排列见表3.1。每一种异常均按表中所示设置的优先级得到处理。

表3.1 异常优先级

优 先 级	异 常 类 型	处理器工作模式
1（最高）	复位异常（reset）	管理模式
2	数据异常（data abort）	数据访问中止模式
3	快速中断异常（FIQ）	快速中断模式
4	外部中断异常（IRQ）	外部中断模式
5	预取异常（prefetch abort）	数据访问中止模式
6	软件中断异常（SWI）	管理模式
7（最低）	未定义指令中断异常（undefined interrupt）	未定义指令中止模式

复位异常的优先级最高，所以当产生复位时，它将优先于其他异常得到处理。同样，当一个数据异常发生时，它将优先于除复位异常之外的其他所有异常。优先级最低的两种异常是软件中断异常和未定义指令中断异常。这就是为何手机发生上述两种异常时，人们按下手机复位键，手机仍可重新启动的原因。

每种异常都会导致内核进入一种特定的模式，ARM处理器异常及其对应的模式见表3.1。

注意：用户模式和系统模式是仅有的不可通过异常进入的两种模式，也就是说，要进入这两种模式，必须通过编程改变CPSR寄存器才可以。

4. 中断和子程序调用的异同

中断和子程序调用都会完成这样一个过程：即离开当前的程序，转而执行相应的其他程序（中断服务程序或子函数），待其执行完毕后再返回到原来程序的这样一个过程。在此过程中，两者都需要保护断点（即下一条指令地址），跳至子程序或中断服务程序，保护现场、子程序或中断处理，恢复现场、恢复断点（即返回主程序）。

中断过程与调用子程序过程的相似点是表面的，从本质上讲两者是完全不一样的。第一，调用子程序过程发生的时间是已知和固定的，即在主程序中的调用指令执行时发生主程序调用子程序，调用指令所在位置是已知和固定的。而中断过程发生的时间一般是随机的，CPU在执行某一主程序时收到中断源提出的中断申请时，就发生中断过程，而中断申请一般由硬件电路产生，申请提出时间是随机的（软中断发生时间是固定的）。也可以说，调用子程序是程序设计者事先安排的，而执行中断服务程序是由系统工作环境随机决定的。第二，主程序需要子程序时就去调用子程序，并把调用结果带回主程序继续执行。而中断服务程序与主程序两者一般是无关的，不存在谁为谁服务的问题，两者是平行关系。第三，主程序调用子程序过程完全属于软件处理过程，不需要专门的硬件电路，而中断处理系统是一个软、硬件结合系统，需要专门的硬件电路才能完成中断处理过程。

5. 中断向量表

既然中断的发生是随机的，中断调用的时间是不固定的，那么中断服务程序的入口地址放在程序的任何一个地方都不合适，只能靠硬件方法去解决。

在ARM架构中，存在七种异常处理。当中断（或异常）发生时，PC寄存器自动指向某一地址取指令，执行中断响应程序，而PC指向的与不同的异常一一对应，这些地址固定地映射到物理内存中。这一段专门用来处理中断响应的地址就构成中断向量表，如图3.1所示。

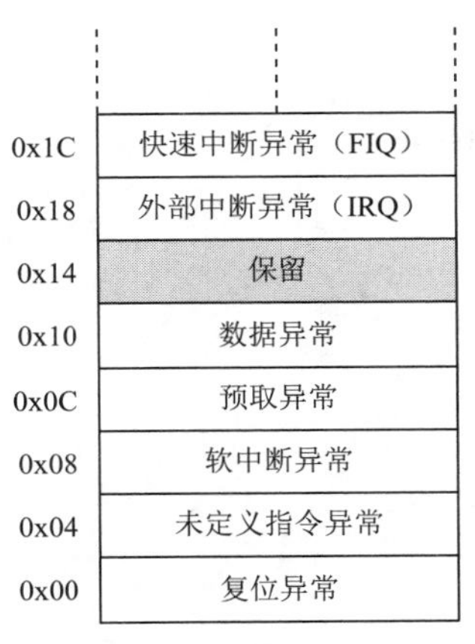

图3.1 中断向量表

中断向量表存放了一系列的中断向量，也就是中断服务处理程序的入口地址。中断向量表的位置都是由半导体厂商定义好的。以Cortex-A9的Exynos 4412芯片为例，从0地址开始的每4个字节对应一个中断类型，这个表的顺序是固定的，每个位置存储的都是一个要跳转到的地址。

上述七个中断（或异常）中，在ARM裸机开发中使用得较多的就是Reset Interrupt和IRQ Interrupt，所以需要注意这两个中断处理服务函数的编写。中断向量表往往处于程序最开始的地方，ARM Cortex-A系列的中断向量表简单模板如下：

```
.global _start
/*
 * _start 函数，程序先在这里开始执行
 */
_start:
    /* 创建中断向量表 */
    ldr pc, =Reset_Handler              /* 复位中断 */
    ldr pc, =Undefined_Handler          /* 未定义指令中断 */
    ldr pc, =SVC_Handler                /* 软中断 */
    ldr pc, =PrefAbort_Handler          /* 预取终止中断 */
    ldr pc, =DataAbort_Handler          /* 数据终止中断 */
    ldr pc, =NotUsed_Handler            /* 未使用中断 */
    ldr pc, =IRQ_Handler                /* IRQ 中断 */
    ldr pc, =FIQ_Handler                /* FIQ 中断 */
/* 复位中断服务函数 */
Reset_Handler:
    /* 进行一些初始化处理，初始化 SP 指针，初始 C 运行环境 */
    /* 跳转到 C 语言的 main 函数执行 */
 /* 未定义指令中断函数 */
Undefined_Handler:
    ldr r0, =Undefined_Handler
    bx  r0
/* 软中断服务函数 */
SVC_Handler:
    ldr r0, =SVC_Handler
    bx  r0
```

```
/* 预取终止中断服务函数 */
PrefAbort_Handler:
    ldr r0, =PrefAbort_Handler
    bx  r0
/* 数据终止中断服务函数 */
DataAbort_Handler:
    ldr r0, =DataAbort_Handler
    bx  r0
/* 未使用的中断服务函数 */
NotUsed_Handler:
    ldr r0, =NotUsed_Handler
    bx  r0
/* IRQ 中断服务函数 */
IRQ_Handler:
    /* 保护中断现场 */
    /* 跳转到 C 版本的中断服务处理函数 */
    /* 恢复中断现场 */
/* FIQ 中断服务函数 */
FIQ_Handler:
    ldr r0, =FIQ_Handler
    bx  r0
```

3.2 Bootloader 操作模式及种类

3.2.1 Bootloader概述

在实验2中，FS 4412实验箱开机运行后，从串口可以看到一些交互的信息。实验者通过串口可以设置实验箱的参数，控制试实验的运行。此时实验箱运行的程序就是Bootloader。

简单地说，Bootloader就是在操作系统内核运行之前运行的一段程序，它类似于PC中的BIOS程序。通过这段程序，可以完成硬件设备的初始化，并建立内存空间的映射图，从而将系统的软硬件环境带到一个合适的状态，为最终调用系统内核做好准备。

Bootloader不属于操作系统，一般采用汇编语言和C语言开发。需要针对特定的硬件平台编写。因此，几乎不可能为所有的嵌入式系统建立一个通用的Bootloader，不同的处理器架构有不同的Bootloader。Bootloader不但依赖于CPU的体系结构，而且依赖于嵌入式系统板级设备的配置。对于不同的嵌入式板而言，即使它们使用同一种处理器，要想让运行在一块板上的Bootloader程序也能运行在另一块板上，一般也都需要修改Bootloader的源程序。

尽管如此，大部分Bootloader仍然具有很多共性，某些Bootloader也能够支持多种体系结构的嵌入式系统。例如，U-Boot就同时支持PowerPC、ARM、MIPS和x86等体系结构，支持的嵌入式板可达上百种。通常，它们都能够自动从存储介质上启动，都能够引导操作系统启动，并且大部分可以支持串口和以太网接口。

对于Bootloader可总结以下四点：

① Bootloader是硬件启动时执行的引导程序，是运行操作系统的前提。

② Bootloader是在操作系统内核或用户应用程序运行之前运行的一段代码。

③ 在嵌入式系统中，整个系统的初始化和加载任务一般由Bootloader来完成。

④ 对硬件进行相应的初始化和设置，最终为操作系统准备好环境。

3.2.2　Bootloader操作模式

大多数Bootloader都包含两种不同的操作模式：启动加载模式和下载模式。这两种操作模式的区别仅对于开发人员才有意义。从最终用户的角度看，Bootloader的作用就是用来加载操作系统，而并不存在启动加载模式与下载模式的区别。

1. 启动加载模式

启动加载模式也称为“自主”模式，也就是Bootloader从目标机上的某个固态存储设备上将操作系统加载到RAM中运行，整个过程并没有用户的介入。这种模式是嵌入式产品发布时的通用模式。例如，手机开机后自动运行Bootloader，其间并不需要用户干预。

2. 下载模式

在这种模式下，目标机上的Bootloader将通过串口连接或网络连接等通信手段从主机下载文件，例如，下载内核映像和根文件系统映像等。从主机下载的文件首先被Bootloader保存到目标机的RAM中，然后再被Bootloader写到目标机上的Flash类固态存储设备中，或者直接进行系统的引导。工作于这种模式下的Bootloader通常都会向它的终端用户提供一个简单的命令行接口。实验2中Uboot的工作模式即属于下载模式。

3.2.3　Bootloader的种类

嵌入式系统已经有各种各样的Bootloader，其种类划分也有多种方式。除了按照处理器体系结构不同划分之外，还有功能复杂程度的不同。

表3.2列出了Linux的开放源码引导程序及其支持的体系结构，并且注明了每一种引导程序是不是Monitor。

表3.2　Linux的开放源码引导程序

Bootloader	Monitor	描　述	x86	ARM	PowerPC
LILO	否	Linux磁盘引导程序	是	否	否
GRUB	否	GNU的LILO替代程序	是	否	否
Loadlin	否	从DOS引导Linux	是	否	否
ROLO	否	从ROM引导Linux而不需要BIOS	是	否	否
Etherboot	否	通过以太网卡启动Linux系统的固件	是	否	否
LinuxBIOS	否	完全替代BIOS的Linux引导程序	是	否	否
BLOB	是	LART等硬件平台的引导程序	否	是	否
U-BOOT	是	通用引导程序	是	是	是
RedBOOT	是	基于eCos的引导程序	是	是	是

Bootloader和Monitor的区别在于：Bootloader只是引导设备并且执行主程序的固件；而Monitor还提供了更多的命令行接口，可以进行调试、读/写内存、烧写Flash、配置环境变量等。Monitor在嵌入式系统开发过程中可以提供很好的调试功能，开发完成以后，就完全设置成了一个Bootloader。所以，人们习惯上把它们统称为Bootloader。

对于每种架构，都有一系列开放源码Bootloader可以选用。

1. x86

x86的工作站和服务器上一般使用LILO和GRUB。LILO是Linux发行版主流的Bootloader。不过Redhat Linux发行版已经使用了GRUB。GRUB比LILO有更有好的显示界面，使用配置也更加灵活方便。

在某些x86嵌入式单板机或者特殊设备上，会采用其他Bootloader，如ROLO。这些Bootloader可以取代BIOS的功能，能够从Flash中直接引导Linux启动。现在ROLO支持的开发板已经并入U-Boot，所以U-Boot也可以支持x86平台。

2. ARM

ARM处理器的芯片商很多，所以每种芯片的开发板都有自己的Bootloader，结果ARM Bootloader也变得多种多样。最早有为ARM720处理器的开发板的固件，又有了armboot、StrongARM平台的blob，还有S3C2410处理器开发板上的vivi等。现在armboot已经并入了U-Boot，所以U-Boot也支持ARM/XSCALE平台。U-Boot已经成为ARM平台事实上的标准Bootloader。

3. PowerPC

PowerPC平台的处理器有标准的Bootloader，即ppcboot。ppcboot在合并armboot等之后，创建了U-Boot，成为各种体系结构开发板的通用引导程序。U-Boot仍然是PowerPC平台的主要Bootloader。

4. MIPS

MIPS公司开发的YAMON是标准的Bootloader，也有许多MIPS芯片商为自己的开发板写了Bootloader。现在，U-Boot也已经支持MIPS平台。

3.2.4 U-Boot概述

U-Boot，全称universal boot loader，是遵循GPL条款的开放源码项目。最早，由德国DENX软件工程中心的Wolfgang Denk基于8xxROM的源码创建了ppcboot工程，并且不断添加处理器的支持。后来，Sysgo Gmbh把ppcboot移植到ARM平台上，创建了armboot工程。然后，以ppcboot工程和armboot工程为基础，创建了U-Boot。

U-Boot源码目录、编译形式与Linux内核相似，事实上，不少U-Boot源码就是相应的Linux内核源程序的简化，尤其是一些设备的驱动程序。在操作系统方面，U-Boot不仅支持嵌入式Linux系统的引导，还支持NetBSD、VxWorks、QNX、RTEMS、ARTOS、LynxOS、android嵌入式操作系统。目前支持的目标操作系统是OpenBSD、NetBSD、FreeBSD、4.4BSD、Linux、SVR4、Esix、Solaris、Irix、SCO、Dell、NCR、VxWorks、LynxOS、pSOS、QNX、RTEMS、ARTOS、Android。

在CPU架构方面，U-Boot除了支持PowerPC系列的处理器外，还支持MIPS、x86、ARM、NIOS、XScale等诸多常用系列的处理器。现在U-Boot已经能够支持PowerPC、ARM、x86、MIPS架构的上百种开发板，成为功能最多、灵活性最强并且开发最积极的开放源码的Bootloader。

1. U-Boot的特性

① 开放源码。

② 支持多种嵌入式操作系统内核，如Linux、NetBSD、VxWorks、QNX、RTEMS，ARTOS、LynxOS、Android。

③ 支持多个处理器系列，如PowerPC、ARM、x86、MIPS。

④ 较高的可靠性和稳定性。

⑤ 高度灵活的功能设置，适合U-Boot调试、操作系统不同的引导要求、产品发布等。

⑥ 丰富的设备驱动源码，如串口、以太网、SDRAM、Flash、LCD、NVRAM、EEPROM、

RTC、键盘等。

⑦ 比较丰富的开发调试文档与强大的网络技术支持。

2. U-Boot源码结构

U-Boot的源码包可从官方下载，本书所使用的源码包为u-boot-2013.01.tar.bz2，将其解压缩就可以得到全部U-Boot源程序。U-Boot源码按目录树的结构进行组织，其主要目录及其存放的代码内容见表3.3。

表 3.3　U-Boot 主要目录及其存放的代码内容

目　录	代 码 内 容
arch	体系结构相关代码，一个子目录代表一种CPU的体系结构，如ARM、x86等
board	不同平台的开发板所对应的代码。例如，board/samsung/origen中存放的是三星origen板的相关代码
common	独立于处理器体系结构的通用代码，如U-Boot相关命令、内存大小探测等
disk	对磁盘的支持
doc	U-Boot的说明文档。例如，README.usb代表了usb的说明文档
drivers	驱动目录。每一个子目录代表一类驱动程序，如支持的网卡、串口等
fs	支持的文件系统，一个目录存放一个文件系统代码，如cramfs、fat、yaffs2等
lib	与体系相关的库文件
include	头文件，还有支持各种硬件平台的汇编文件、系统的配置文件。所有开发板的配置文件都在configs目录下
net	网络协议相关代码，如TFTP协议、NFS文件系统等
tools	存放制作S-Record 或者 U-Boot格式的映像等工具，例如mkimage

3. U-Boot启动分析

大多数Bootloader都分为stage1和stage2两个阶段，U-Boot也不例外。

依赖于CPU体系结构的代码（如设备初始化代码等）通常都放在stage1且可以用汇编语言来实现，而stage2则通常用C语言来实现，这样可以实现复杂的功能，而且有更好的可读性和移植性。下面以移植后的u-boot-2013.01源代码为例，分析其启动流程。

U-Boot程序启动的第一阶段（stage1）通常包含如下步骤：

① 设置为SVC模式，关闭中断、MMU、把关定时器（俗称看门狗）。

② 基本硬件设备初始化：初始化时钟、串口、Flash、内存，见cpu/arm/armv7 /start.S的cpu_init_crit。

③ 自搬移到内存：命令为copy_uboot_to_ram或relocate。

④ 设置好栈：stack_setup。

⑤ 跳转到第二阶段代码入口：ldr pc, _start_armboot。

U-Boot启动的第二阶段（stage2）通常包含如下步骤：

① 大部分硬件初始化：lib_arm/board.c/start_armboot-> init_sequence。

② 搬移内核到内存：common/main.c main_loop->getenv ("bootcmd")　bootdelay >= 0 && s && !abortboot (bootdelay)下的 run_command (bootcmd)。

③ 运行内核。

其启动流程图如图3.2所示。

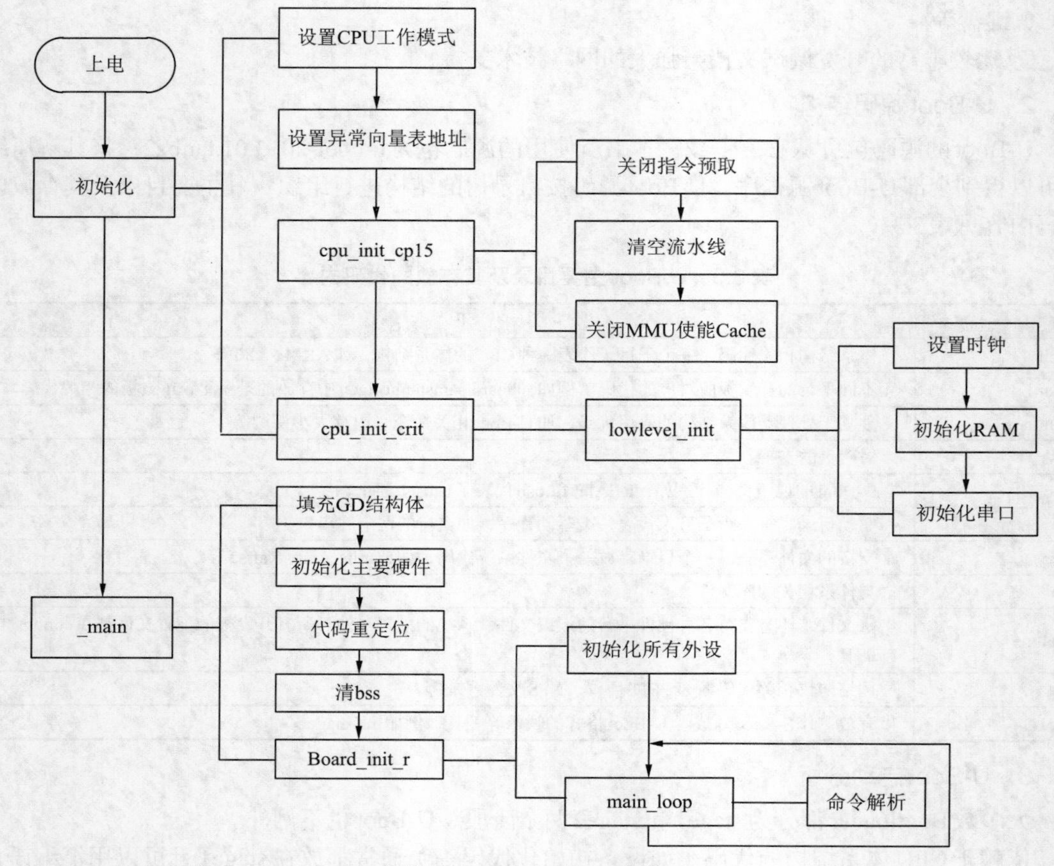

图 3.2 U-Boot启动流程

4. U-Boot相关命令

U-Boot上电启动后，按任意键可以退出自动启动状态，进入命令行。在命令行提示符下，可输入U-Boot的命令并执行。U-Boot可以支持几十个常用命令，通过这些命令，可以对开发板进行调试，可以引导Linux内核，还可以擦写Flash完成系统部署等功能。掌握这些命令的使用，才能够顺利地进行嵌入式系统的开发。

输入help命令，可以得到当前U-Boot的所有命令列表。由于U-Boot命令较多，这里只介绍一些常用的命令。

（1）help命令

命令格式：help 或 ?

功能：查看当前U-Boot版本中支持的所有命令。

（2）环境变量操作命令 setenv、saveenv

U-Boot中常见的环境变量有：

bootdelay：执行自动启动（bootcmd中的命令）的等候秒数。

baudrate：串口控制台的波特率。

bootargs：传递给Linux内核的启动参数。

bootcmd：自动启动时执行命令。

serverip：TFTP服务器端的IP地址。

ipaddr：本地的IP地址。

stdin：标准输入设备，一般是串口。

stdout：标准输出，一般是串口，也可是LCD（VGA）。

stderr：标准出错，一般是串口，也可是LCD（VGA）。

命令格式：setenv [envname] [value]

功能：设置环境变量的值，如果没有value，则表示删除env环境变量。saveenv将修改的环境变量保存到固态存储器中。例如：

```
setenv ipaddr 192.168.190.172   //将实验箱或开发板的IP地址设置为192.168.190.172
setenv ipaddr                   //删除实验箱或开发板的IP地址
```

（3）ping命令

命令格式：ping [hostname]

例如：ping 192.168.168.212。

U-Boot可以通过网络来传输文件到开发板，直接用交叉网线连接开发板和计算机，也可以用普通直连网线连接路由器。

如果网络连通，就可以通过tftp、NFS挂载实验箱或开发板。

（4）tftp命令

命令格式：tftp [loadaddress] [filename]

功能：使用TFTP协议通过网络下载文件。第一个参数loadAddress是下载到的内存地址；第二个参数是要下载的文件名称，必须放在TFTP服务器相应的目录下。例如：

```
tftp 41000000 uImage             //将uImage下载到41000000内存地址处
```

（5）go命令

命令格式：go addr [arg ...]

功能：执行应用程序。第一个参数是要执行程序的入口地址。第二个可选参数是传递给程序的参数，可以不用，多用于调试裸机程序。例如：

```
go 40008000                      //执行40008000处的应用程序
```

（6）boot命令

命令格式：boot

功能：用于启动Linux；boot命令会读取bootcmd环境变量来启动Linux内核。

其他命令这里不一一赘述。如果想进一步了解某一条命令的使用方法，可以输入以下命令获取提示信息。

```
FS4412  #  help bootm
bootm [addr [arg ...]]
    - boot application image stored in memory
        passing arguments 'arg ...'; when booting a Linux kernel,
        'arg' can be the address of an initrd image
```

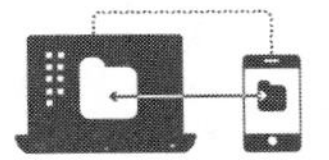

实验 3　U-Boot 移植和 SD 启动卡制作

【实验目的】

① 了解U-Boot代码结构和移植。

② 掌握SD启动卡（简称SD卡）的制作方法。

【实验步骤】

U-Boot移植和SD启动卡制作

① U-Boot移植是保证实验箱能正常启动的前提。通常，U-Boot移植比较烦琐，耗时较长，这里对其移植方法和过程不详细介绍。本实验首先通过Beyond Compare软件对移植前和移植后的U-Boot代码进行比较，查看两者的不同。具体方法如下：

- 启动Beyond Compare，在启动窗口选择文件夹。
- 打开移植前和移植后的U-Boot代码，查看两者不同，如图3.3所示。

u-boot-2013.01 <--> u-boot-2013.01-fs4412 - 文件夹比较 - Beyond Compare

会话(S) 操作(A) 编辑(E) 搜索(R) 视图(V) 工具(T) 帮助(H) 有新的可用版本...

E:\...\第二天上课资料\u-boot-2013.01 | E:\...\u-boot-2013.01-fs4412

名称(N)	大小(Z)	修改日期(M)	名称(N)	大小(Z)	修改日期(M)
api	36,810	2013/1/16 5:47:42	api	36,810	2022/5/17 20:24:30
arch	15,310,076	2013/1/16 5:47:42	arch	15,313,378	2022/5/17 20:24:40
board	17,395,678	2013/1/16 5:47:42	board	17,445,939	2022/5/17 20:24:25
			CodeSign4SecureBoot		2022/5/17 20:24:25
common	1,785,748	2013/1/16 5:47:42	common	1,819,601	2022/5/17 20:24:30
disk	84,169	2013/1/16 5:47:42	disk	84,169	2022/5/17 20:24:19
doc	570,602	2013/1/16 5:47:42	doc	570,602	2022/5/17 20:24:27
drivers	9,965,362	2013/1/16 5:47:42	drivers	9,994,682	2022/5/17 20:24:49
dts	3,532	2013/1/16 5:47:42	dts	3,532	2022/5/17 20:24:49
examples	134,871	2013/1/16 5:47:42	examples	134,871	2022/5/17 20:24:25
fs	1,374,099	2013/1/16 5:47:42	fs	1,374,099	2022/5/17 20:24:25
include	9,746,744	2013/1/16 5:47:42	include	9,770,263	2022/5/17 20:24:27
lib	1,104,514	2013/1/16 5:47:42	lib	1,104,514	2022/5/17 20:24:19

图 3.3 Beyond Compare 文件夹比较

② 制作SD启动卡，方法如下：

- 在Ubuntu中新建实验目录，并进入实验目录。

```
$ mkdir test02
$ cd test02
```

- 将移植后的U-Boot代码u-boot-2013.01-fs4412.tar.gz复制到test02目录下。

```
$ cp /mnt/hgfs/share/u-boot-2013.01-fs4412.tar.gz  ./
```

- 解压u-boot-2013.01-fs4412.tar.gz。

```
$ tar xvf  u-boot-2013.01-fs4412.tar.gz
```

- 进入解压后的文件目录，并编译移植后的U-boot。

```
$ cd u-boot-2013.01-fs4412
$ ./build.sh
```

- 复制在PC上解压缩后的SD启动卡制作工具sdfuse_q。

```
$ cp /mnt/hgfs/share/sdfuse_q  ../  -a
```

- 将u-boot-fs4412.bin文件复制到sdfuse_q目录下。

```
$ cp u-boot-fs4412.bin  ../sdfuse_q/
```

• 进入sdfuse_q目录并进行编译。

```
$ cd sdfuse_q/
$ make                                    //编译
$ chmod 777 *.sh                          //修改权限
```

• 用读卡器将SD卡插入计算机，右击图3.4所示图标，在弹出的快捷菜单中选择响应命令，将SD卡连接到虚拟机。

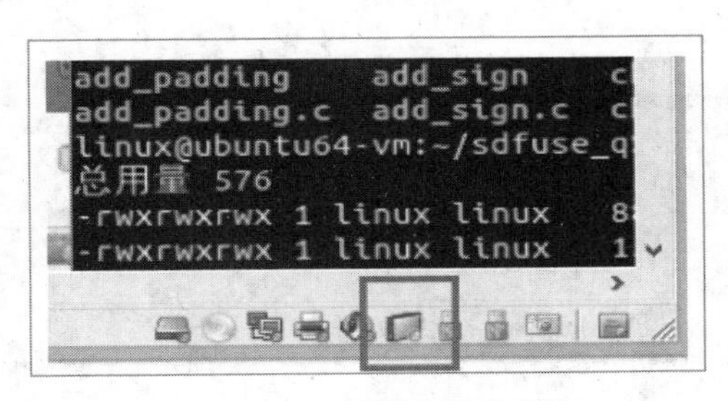

图3.4　SD卡连接到虚拟机

• 输入$ df –TH命令，查看生成的设备节点，如图3.5所示。

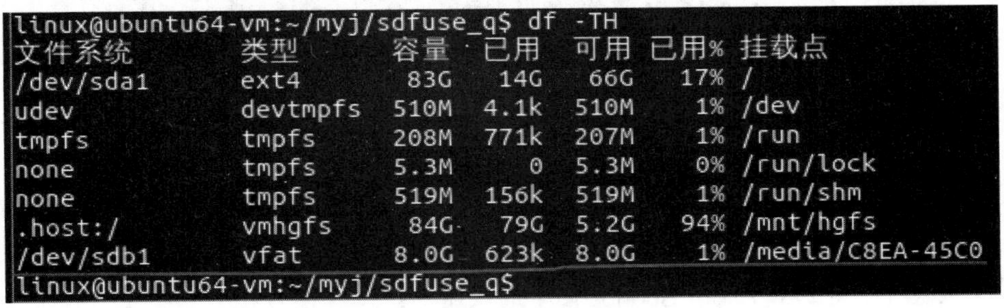

```
linux@ubuntu64-vm:~/myj/sdfuse_q$ df -TH
文件系统        类型      容量   已用   可用  已用% 挂载点
/dev/sda1      ext4       83G   14G   66G   17% /
udev           devtmpfs  510M  4.1k  510M    1% /dev
tmpfs          tmpfs     208M  771k  207M    1% /run
none           tmpfs     5.3M     0  5.3M    0% /run/lock
none           tmpfs     519M  156k  519M    1% /run/shm
.host:/        vmhgfs     84G   79G  5.2G   94% /mnt/hgfs
/dev/sdb1      vfat      8.0G  623k  8.0G    1% /media/C8EA-45C0
linux@ubuntu64-vm:~/myj/sdfuse_q$
```

图3.5　SD卡设备节点

• 在确认了设备节点之后，使用如下命令制作SD启动卡。

```
$ sudo  ./mkuboot.sh  /dev/sdb                //将uboot烧写到SD卡中
```

• 制作完成后，断开U盘与虚拟机中连接，在PC上查看SD卡中的目录和文件。
• 若SD卡为空，则在SD卡下创建sdupdate，并将u-boot-fs4412.bin复制到sdupdate目录下。
• 将SD卡插入到实验箱的SD卡槽中，将拨码开关拨到图3.6所示位置。

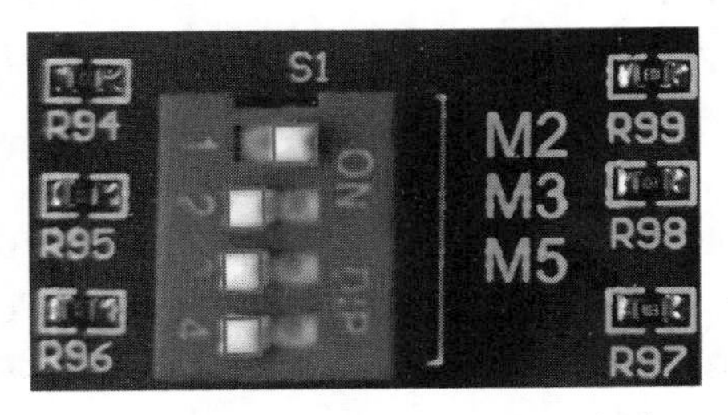

图3.6　拨码开关设置为TF卡启动

• 启动串口软件PuTTY，设置串口参数。上电启动实验箱，查看uboot启动信息，如图3.7所示，SD启动卡制作完成。

```
COM3 - PuTTY

U-Boot 2013.01 (Nov 10 2016 - 11:50:17) for FS4412

CPU:    Exynos4412@1000MHz

Board: FS4412
DRAM:  1 GiB
WARNING: Caches not enabled
PMIC: S5M8767(VER5.0)
MMC:   MMC0:     14910 MB
In:    serial
Out:   serial
Err:   serial

MMC read: dev # 0, block # 48, count 16 ...16 blocks read: OK
eMMC CLOSE Success.!!

Checking Boot Mode ... EMMC4.41
Net:   dm9000
Hit any key to stop autoboot:  0
FS4412 #
```

图 3.7 SD 启动卡启动信息

习 题 3

一、选择题

1. 下面关于引导加载程序（Bootloader）的叙述中，正确的是（　　）。
   A. 引导加载程序是硬件发生故障后由OS启动执行的
   B. 加载和启动操作系统是引导加载程序的一项重要任务
   C. Bootloader包含加电自检和初始化程序，不包含设备驱动程序
   D. 相同体系结构的硬件平台一定使用相同的引导加载程序
2. 关于ARM处理器的异常，以下说法错误的是（　　）。
   A. 复位异常级别最高
   B. FIQ是外部中断异常
   C. 每个异常中断向量占据4个字节
   D. 不同类型的异常中断其中断服务程序入口地址不同
3. 在Bootloader的stage1中，以下各步骤的顺序应为（　　）。
   ①跳转到stage2的C程序入口点　②为加载stage2准备RAM空间
   ③复制stage2的执行代码到RAM空间中　④基本硬件初始化
   A. ②④①③　B. ④②③①　C. ④②①③　D. ④③②①
4. 不可通过异常进入的工作模式是（　　）。
   A. 用户模式　B. 管理模式
   C. 未定义指令中止模式　D. 数据访问终止模式
5. U-Boot是由（　　）开发的。

A. mini公司　　B. ARM公司　　C. REDhat公司　　D. DENX软件中心

6. U-Boot程序分两个阶段，第一阶段是用（　　）编写的。

A. C语言　　B. 机器语言　　C. 汇编语言　　D. BASIC语言

7. U-Boot程序第二阶段是用（　　）编写的。

A. C语言　　B. 机器语言　　C. 汇编语言　　D. BASIC语言

8. U-Boot程序第一阶段程序是在（　　）文件中。

A. start.S　　B. main.S　　C. board.c　　D. origen.h

9. U-Boot程序设置环境变量的命令是（　　）。

A. boot　　B. saveenv　　C. pri　　D. setenv

10. U-Boot程序保存环境变量的命令是（　　）。

A. boot　　B. saveenv　　C. pri　　D. setenv

11. Bootloader种类中用得最多的是（　　）。

A. LILO　　B. ROLO　　C. BLOB　　D. U-Boot

12. PuTTY是（　　）。

A. 串口通信工具　B. 图像软件　　C. 操作系统　　D. 远程控制软件

二、填空题

1. Exynos 4412处理器共支持________个中断源，其中SGI中断有________个，PPI中断________个和________个SPI中断。

2. 在ARM中，________异常的优先级最高，优先级最低的两种异常是________异常和________异常。

3. Bootloader不属于________，一般采用________语言和________语言开发，需要针对________编写。

4. Bootloader不但依赖于________，而且依赖于嵌入式系统________的配置。

5. 在嵌入式系统中，整个系统的________和________一般由Bootloader来完成。

6. 大多数Bootloader都包含两种不同的操作模式：________模式和________模式。

7. Bootloader的stage1用________语言来实现，stage2则用________语言来实现。

8. U-Boot源代码中，与体系结构相关的代码存放的目录是________，驱动程序代码存放的目录是________。

三、简答题

1. 什么是中断？

2. 中断与子程序调用有何异同？

3. 什么是Bootloader？Bootloader有何特点？

4. Bootloader有哪两种操作模式？

5. 简述U-Boot的启动流程。

第4章

ARM 裸机开发

一般把没有操作系统的编程环境称为裸机编程环境。所谓裸机开发，是指不带操作系统的嵌入式产品开发。就是直接用C程序或汇编程序操作CPU寄存器，驱动硬件及外围设备动作的开发过程。

学习ARM裸机开发的目的是更好地了解ARM处理器芯片的相关功能、开发板资源和硬件操作等，为后续的Linux学习做准备。

本章主要内容：

- GPIO裸机开发。
- 通用异步收发器。
- 中断裸机编程。

4.1 GPIO 裸机开发

ARM中的GPIO端口，类似于51单片机中的P0、P1等端口。通俗地说，GPIO（genneral-purpose input/output ports，通用输入/输出端口）就是一些引脚，可以通过它们输出高低电平或者读入引脚的状态。

GPIO端口一是个比较重要的概念，用户可以通过GPIO端口和硬件（如通用异步收发传输器UART）进行数据交互、控制硬件工作（如LED、蜂鸣器等）、读取硬件的工作状态信号（如中断信号）等。GPIO端口的使用非常广泛。

4.1.1 裸机开发步骤

在对嵌入式系统进行裸机开发时，通常可按下述步骤进行：

1. 看电路图

① 找到要控制的设备。

② 找到设备在CPU侧的控制引脚（如GPX2_7）。

2. 查看芯片手册

先看相关的中文文档，熟悉设备，再看芯片手册。

① 搜索电路图中对应控制引脚的名称（如GPX2）。

② 在目录找到对应的控制模块。

③ 看该模块的概述了解该模块的大概功能。

④ 查看该模块相关的寄存器。

3. 编程

① 定义要控制的寄存器的宏（与手册里的寄存器地址对应起来）。

② 设备初始化（如设置GPIO为输出状态）。

③ 实现相应的功能。

4.1.2　GPIO应用实例

下面通过一个简单示例说明Exynos 4412的GPIO端口的应用。利用Exynos 4412的GPX2_7引脚控制发光二极管LED D3，使其有规律地闪烁。

1. 看电路图，找到要控制的设备及其连接的GPIO端口

查看FS4412WSN底板原理图。在底板原理图上查找LED D3控制电路，如图4.1所示。当CHG_COK为高电平时，LED D3灯亮。反之，当CHG_COK为低电平时，LED D3灯灭。通过查看FS4412WSN核心板原理图可知，CHG_COK连接到Exynos 4412的GPX2_7引脚上。

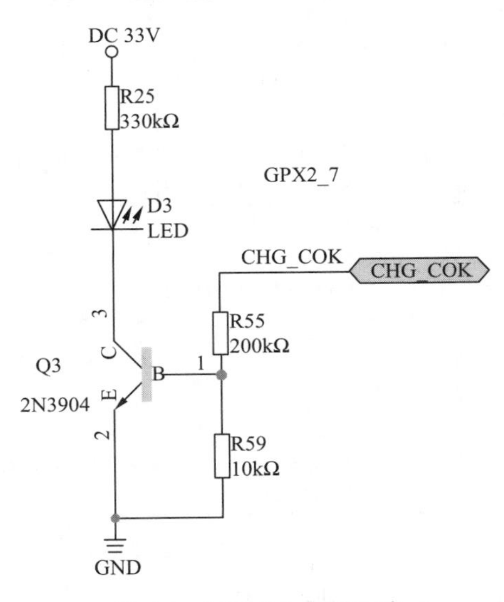

图 4.1　LED D3 控制电路

2. 查看芯片手册，找到相应的GPIO寄存器

在Exynos 4412芯片中，GPIO端口是分组的。GPX2_7引脚属于GPX2分组。查看芯片手册可知，与GPX2分组相关的寄存器见表4.1。

表 4.1　与 GPX2 分组相关的寄存器

寄 存 器	偏　　移	寄存器描述	复 位 值
GPX2CON	0x0C40	GPX2端口组配置寄存器	0x0000_0000
GPX2DAT	0x0C44	GPX2端口组数据寄存器	0x00
GPX2PUD	0x0C48	GPX2端口组上下拉电阻设置寄存器	0x5555
GPX2DRV	0x0C4C	GPX2端口组驱动能力控制寄存器	0x00_0000

上述四个寄存器中，常用的是GPX2CON寄存器和GPX2DAT寄存器。而GPX2PUD寄存器用于设置引脚上拉电阻和下拉电阻的使能和禁止。GPX2DRV寄存器则用于设置引脚合适的驱动电流，达到既能满足正常驱动，也不浪费功耗的需求。

GPX2CON寄存器相关位的名称和作用见表4.2。

表 4.2　GPX2CON 寄存器（地址 =0x11000C40）相关位的名称和作用

名　称	位	作　用	复位值
GPX2CON[7]	[31:28]	0x0=输入　0x1=输出　0x2=保留 0x3=KP_ROW[7]　0x4=保留　0x5=ALV_DBG[19] 0x6 to 0xE=保留　0xF = WAKEUP_INT2[7]	0x00
GPX2CON[6]	[27:24]	0x0=输入　0x1=输出　0x2=保留 0x3=KP_ROW[6]　0x4=保留　0x5=ALV_DBG[18] 0x6 to 0xE =保留　0xF = WAKEUP_INT2[6]	0x00
GPX2CON[5]	[23:20]	0x0=输入　0x1=输出　0x2=保留 0x3=KP_ROW[5]　0x4 =保留　0x5=ALV_DBG[17] 0x6 to 0xE=保留　0xF=WAKEUP_INT2[5]	0x00
GPX2CON[4]	[19:16]	0x0=输入　0x1=输出　0x2=保留 0x3=KP_ROW[4]　0x4=保留　0x5=ALV_DBG[16] 0x6 to 0xE=保留　0xF=WAKEUP_INT2[4]	0x00
GPX2CON[3]	[15:12]	0x0=输入　0x1=输出　0x2=保留 0x3=KP_ROW[3]　0x4=保留　0x5=ALV_DBG[15] 0x6 to 0xE=保留　0xF=WAKEUP_INT2[3]	0x00
GPX2CON[2]	[11:8]	0x0=输入　0x1=输出　0x2=保留 0x3=KP_ROW[2]　0x4=保留　0x5=ALV_DBG[14] 0x6 to 0xE=保留　0xF=WAKEUP_INT2[2]	0x00
GPX2CON[1]	[7:4]	0x0=输入　0x1=输出　0x2=保留 0x3=KP_ROW[1]　0x4=保留　0x5=ALV_DBG[13]　0x6 to 0xE=保留 0xF=WAKEUP_INT2[1]	0x00
GPX2CON[0]	[3:0]	0x0=输入　0x1=输出　0x2=保留 0x3=KP_ROW[0]　0x4=保留　0x5=ALV_DBG[12] 0x6 to 0xE=保留　0xF=WAKEUP_INT2[0]	0x00

从GPX2CON寄存器相关位的描述中可知，若要通过Exynos 4412的GPX2_7引脚控制D3，需将GPX2CON的[31:28]位设置为0x1，即输出功能。

GPX2DAT为GPX2端口组的数据寄存器。如果引脚功能被设置成输出功能，可以通过向引脚数据寄存器对应位写入数据，控制引脚输出相应电平。如果引脚被设置为输入功能，可以从引脚数据寄存器对应位读出数据，读回的数据就是当前引脚的电平状态。

GPX2DAT寄存器的作用见表4.3。

表 4.3　GPX2DAT 寄存器（地址 =0x11000C44）

名　称	位	作　用	复位值
GPX2DAT[7:0]	[7:0]	当端口配置为输入端口时，则对应的位是引脚状态；配置为输出端口时，引脚状态与对应位相同；当端口配置为功能引脚时，引脚电平不确定	0x00

由表4.3可知，当GPX2_7引脚配置为输出端口时，只需将GPX2DAT寄存器中的第7位设置为0或1，则Exynos 4412中的GPX2_7端口电平将发生相应的变化。

3. 编程

在编程之前，首先要将上述寄存器进行封装。封装的方法有两种。

方法一：

```
#define  GPX2CON(*(volatile unsigned int *)0x11000c40)
```

0x11000c40是一个32位的数据，前面用（unsigned int *）修饰，则表明0x11000C40是一个

unsigned int（4字节）型变量的地址。(*（volatile unsigned int *）0x11000c40）是在（volatile unsigned int *）0x11000c40）上又添加了一个指针运算符*，表示内存地址0x11000C40中4个字节的数据。

volatile关键字和const一样是一种类型修饰符，用它修饰的变量表示可以被某些编译器未知的因素更改，如操作系统、硬件或者其他线程等。遇到这个关键字声明的变量，编译器对访问该变量的代码不再进行优化，从而可以提供对特殊地址的稳定访问。

至此，就可以像unsigned int型变量一样访问特殊功能寄存器。例如：

```
GPX2CON=GPX2CON & (~(0xf<<4*7))|(0x1<<4*7);
                                    // 将 GPX2CON 的 28 ～ 31 位设置为 1，即输出模式
```

方法二：

```
typedef struct{
   unsigned int CON;
   unsigned int DAT;
   unsigned int PUD;
   unsigned int DRV;
}gpx2;
#define  GPX2(*(volatile gpx2 *)0x11000c40 )
```

Typedef关键字声明了gpx2的结构体类型。该结构体有四个unsigned int型成员，每个成员在内存空间中占4个字节。

#define GPX2(* (volatile gpx2 *)0x11000c40)声明了一个gpx2类型结构体的宏。结构体名是结构体首成员的地址，GPX2结构体首成员CON的地址即为0x11000c40，占4个字节的存储空间。在C语言中，结构体内成员变量的地址是连续的。这样，GPX2结构体的第二个成员DAT的地址即为0x11000c44。依次类推。与Exynos 4412数据手册中查看到的寄存器地址一致。

用第二种方法封装的寄存器，其访问方法如下：

```
GPX2.CON=GPX2.CON & (~(0xf<<4*7))|(0x1<<4*7);
                                    // 将 GPX2CON 的 28 ～ 31 位设置为 1，即输出模式
```

【例4.1】用GPIO控制LED灯的裸机编程。

```
#define GPX2CON(*(volatile unsigned int*)0x11000c40)
#define GPX2DAT(*(volatile unsigned int*)0x11000c44)
/*************************************************************************
* 函数功能：延时函数
*************************************************************************/
void  delay(int m){
   int i, j;
   while(m--){
      for(i=0; i<5; i++)
        for(j=0; j<514; j++);
   }
}
/*************************************************************************
* 函数功能：主函数
*************************************************************************/
int main(){
    GPX2CON=GPX2CON & (~(0xf<<4*7)) | (0x1<<4*7);     // 设置 GPX2_7 引脚为输出功能
    while(1){
       GPX2DAT=GPX2DAT | (0x1<<1*7);         //GPX2_7 设置为高电平，LED 灯亮
```

```
        delay(1000);                          //延时
        GPX2DAT=GPX2DAT & (~(0x1<<1*7))       //GPX2_7设置为低电平，LED灯灭
        delay(1000);                          //延时
    }
    return 0;
}
```

4. 实验现象

将上述程序交叉编译后下载到实验箱，运行程序，可以看到LED D3灯有规律地闪烁。

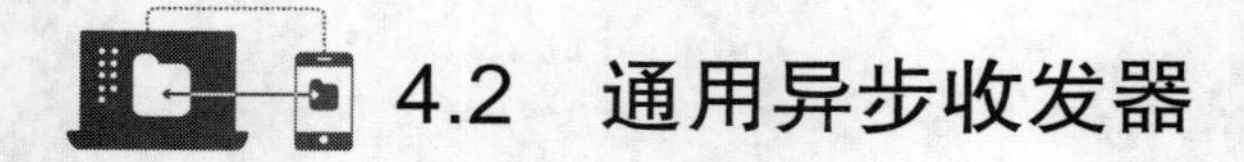

4.2 通用异步收发器

4.2.1 通用异步收发器简介

通用异步收发器（universal asynchronous receiver and transmitter，UART）是一种通用的串行、异步通信总线。该总线有两条数据线，可以实现全双工的发送和接收，在嵌入式系统中常用于主机与辅助设备之间的通信。

UART的工作原理是将数据的二进制位逐位进行传输。在UART通信协议中信号线上的状态位"1"代表高电平，"0"代表低电平。当然，两个设备使用UART串口通信时，必须先约定好传输速率和一些数据位。

UART数据帧格式如图4.2所示。

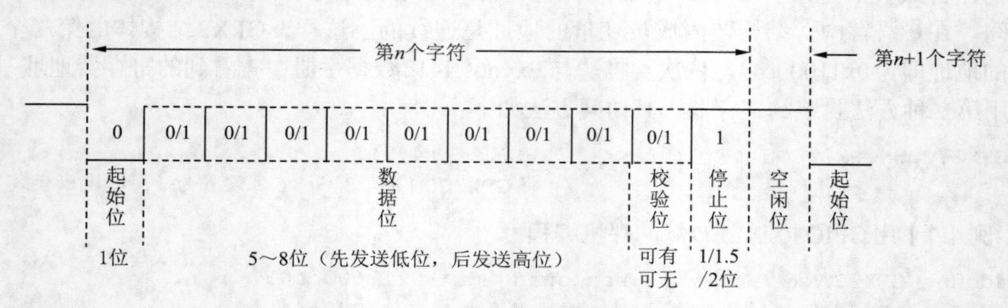

图4.2 UART数据帧格式

① 空闲位：UART协议规定，当总线处于空闲状态时信号线的状态为"1"，即高电平。

② 起始位：开始进行数据传输时发送方要先发出一个低电平"0"来表示传输字符的开始。因为空闲位一直是高电平，所以开始第一次通信时先发送一个明显区别于空闲状态的信号即为低电平。

③ 数据位：起始位之后就是要传输的数据，数据可以是5、6、7、8、9位，构成一个字符，一般都是8位。先发送最低位，最后发送最高位。

④ 校验位：数据位传送完成后，要进行奇偶校验。

⑤ 停止位：数据结束标志，可以是1位、1.5位或2位的高电平。

⑥ 波特率：指单位时间内载波参数变化的次数，或每秒传送的二进制位数，单位bit/s，常见的波特率有9 600bit/s、115 200 bit/s等。

如果串口波特率设置为9 600 bit/s，那么传输一个比特需要的时间是1/9600≈104.2 μs。

4.2.2　Exynos 4412-UART 控制器

1. 概述

Exynos 4412 的通用异步收发器（UART）可支持五个独立的异步串行输入/输出口（Ch0 ~ Ch4），每个端口都可支持中断模式及 DMA 模式，UART 可产生一个中断或者发出一个 DMA 请求，来传送 CPU 与 UART 之间的数据，UART 的波特率最大可达 4 Mbit/s。每一个 UART 包含两个 FIFO 用于数据收发，其中通道 0 的 FIFO 大小为 256 字节，通道 1 和通道 4 的 FIFO 大小为 64 字节，通道 2 和通道 3 的 FIFO 大小为 16 字节。

UART 特点如下：

① 5 组收发通道同时支持中断模式和 DMA 模式。

② 通道 0、1、2、3 支持红外发送/接收功能。

③ 通道 0、1、2 支持自动流控（AFC）功能。

④ 通道 4 支持与 GPS 通信和自动流控功能。

⑤ 支持握手模式的发送/接收。

2. UART 结构框图

Exynos 4412 中的 UART 结构框图如图 4.3 所示。

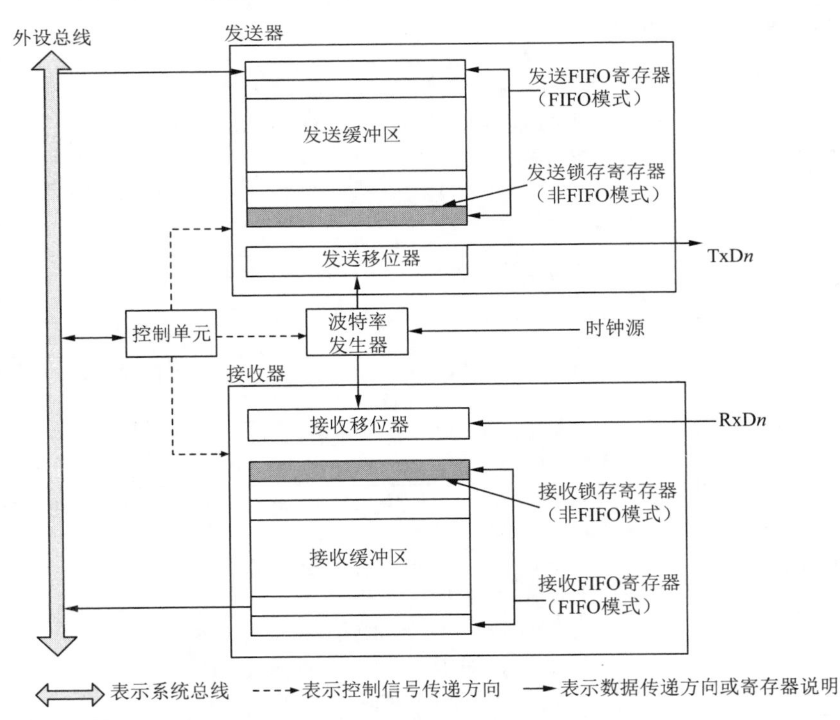

图 4.3　UART 结构框图

Exynos 4412 的 UART 由发送器、接收器、控制单元和时钟源四部分构成。发送数据时，CPU 先将数据写入发送 FIFO 中，然后 UART 会自动将 FIFO 中的数据复制到“发送移位器”（transmit shifter）中，发送移位器将数据逐位地发送到 TxD*n* 数据线上（根据设置的格式，插入开始位、较验位和停止位）。接收数据时，“移位器”（receive shifter）将 RxD*n* 数据线上的数据逐位地接收进来，然后复制到 FIFO 中，CPU 即可从中读取数据。

4.2.3 UART寄存器

Exynos 4412的UART常用操作有数据发送、数据接收、中断产生、波特率发生、红外模式和自动流控制等，涉及的寄存器较多。对于Exynos 4412中提供的更加复杂的控制寄存器，这里不再详细介绍，可参考Exynos 4412芯片手册自行学习。这里只针对后面例程中所涉及的寄存器进行讲解。

1. UART行控制寄存器ULCON*n*（n=0 to 4）

ULCON*n*寄存器各位的作用见表4.4。

表4.4 ULCON*n*寄存器（地址=0x1380_0000）

名 称	位	作 用	复位值
RSVD	[31:7]	保留	0
Infrared Mode	[6]	是否使用红外模式：0=正常模式；1=红外模式	0
Parity Mode	[5:3]	校验方式： 0xx＝无校验；100=奇校验；101=偶校验；110=校验位强制为1；111=校验位强制为0	0
Number of Stop Bit	[2]	停止位数量：0=1个停止位；1=2个停止位	0
Word Length	[1:0]	数据位个数：00=5 bit；01=6 bit；10=7 bit；11 = 8 bit	0

注意：本小节未加注明，均指UART0相关寄存器的地址。其余UART*n*（*n*=1 to 4）相关寄存器地址可查阅芯片手册。

2. UART控制寄存器UCON*n*

UCON*n*寄存器详细说明见表4.5。

表4.5 UCON*n*寄存器（地址=0x13800004）

名 称	位	作 用	复位值
RSVD	[31:24]	保留	0
RSVD	[23]	保留	0
Tx DMA Burst Size	[22:20]	DMA每次发送数据长度：000=1字节；001=4字节；010=8字节；011=16字节；其余=保留	0
RSVD	[19]	保留	0
Rx DMA Burst Size	[18:16]	DMA每次接收数据长度：000=1字节；001=4字节；010=8字节；011=16字节；其余=保留	0
Rx Timeout Interrupt Interval	[15:12]	接收超时中断间隔：如果串口在8×(*n*+1)个帧周期内没有接收到数据，触发中断。默认值为0x3	0x3
Rx Time-out with empty Rx FIFO	[11]	Rx FIFO为空时，串口接收超时使能此位仅在UCON*n*[7]为1时有效。1=使能；0=禁止	0
Rx Time-out DMA suspend enable	[10]	当Rx超时时，Rx DMA暂停使能 1=使能；0=禁止	0
Tx Interrupt Type	[9]	发送中断请求类型：1=电平触发；0=脉冲触发	0
Rx Interrupt Type	[8]	接收中断请求类型：1=电平触发；0=脉冲触发	0
Rx Time Out Enable	[7]	Rx超时中断使能：1=使能；0=禁用	0
Rx Error Status Interrupt Enable	[6]	0=不产生接收错误状态中断；1=产生接收错误状态中断	0
Loop-back Mode	[5]	将该位设置为1会触发UART回环模式。此模式仅用于测试目的。0=正常模式；1=回环模式	0
Send Break Signal	[4]	0=不产生停止信号 1=产生停止信号	0
Transmit Mode	[3:2]	发送模式选择：00=不允许发送；01=中断请求或轮询模式；10=DMA模式；11=保留	00
Receive Mode	[1:0]	接收模式选择：00=禁止接收；01=中断请求或轮询模式；10=DMA模式；11=保留	00

3. 波特率设置寄存器UBRDIV*n*和UFRACVAL*n*

UBRDIV*n*寄存器（地址=0x13800028）和UFRACVAL*n*寄存器（地址=0x1380002C）用于串口波特率的设置。Exynos 4412引入UFRACVAL*n*寄存器，可以使串口波特率更加准确。

假如要设置串口的波特率为115 200bit/s，串口时钟频率为100 MHz，则UBRDIV*n*和UFRACVAL*n*寄存器的值可通过下述方法计算：

① 计算DIV_VAL：

DIV_VAL=((SCLK_UART)/(BaudRate*16))–1

=(100*10^6/(115200*16))–1

=54.25–1

=53.25

② 设置UBRDIV*n*寄存器的值为DIV_VAL的整数部分，即53。

③ 计算UFRACVAL*n*寄存器的值

UFRACVAL*n*/16=(DIV_VAL)的小数部分。由此计算可得0.25 × 16=4。若计算结果有小数部分，则取整。

④ 设置UFRACVAL*n*寄存器的值为4。

4. 串口状态寄存器 UTRSTAT*n*

UTRSTAT*n*寄存器详细说明见表4.6。

表 4.6　UTRSTAT*n* 寄存器（地址 =0x13800010）

名　称	位	作　用	复位值
RSVD	[31:24]	保留	0
Rx FIFO count in Rx time-out status	[23:16]	发生Rx超时时，Rx FIFO计数器的捕获值（只读）	0
Tx DMA FSM state	[15:12]	Tx DMA状态机状态	0
Rx DMA FSM state	[11:8]	Rx DMA状态机状态	0
RSVD	[7:4]	保留	0
Rx time-out status/clear	[3]	读：0=未发生Rx超时；1=Rx接收超时。 写：0=无操作；1=清除接收超时状态	0
transmitter empty	[2]	发送缓冲和发送移位寄存器是否为空：0=不为空；1=为空	1
transmit buffer empty	[1]	关闭FIFO的情况下，发送缓冲区是否为空：0=不为空；1=为空	1
receive buffer data ready	[0]	关闭FIFO情况下，接收缓冲区是否为空：0=为空；1=不为空	0

4.2.4　UART接口应用实例

本实例通过编程，用Exynos 4412的UART2端口，实现与计算机的串口通信。

1. 硬件连接

Exynos4412串口2的发送端（即GPA1_0引脚）和接收端（即GPA1_1引脚）通过74ALVC164245DGGXCVR双电源转换收发器，分别连接到MAX3232CSE芯片的11和12引脚，将TTL电平转换为RS232电平，最后连接到DB2接头，通过USB转串口线与计算机相连。

Exynos 4412串口2的电路连接图如图4.4所示。

2. UART串口程序

用轮询方式完成UART串口的数据收发，代码如下：

（1）在exynos_4412.h中对UART2进行封装

```
typedef struct {
    unsigned int ULCON2;
    unsigned int UCON2;
    unsigned int UFCON2;
    unsigned int UMCON2;
    unsigned int UTRSTAT2;
    unsigned int UERSTAT2;
    unsigned int UFSTAT2;
    unsigned int UMSTAT2;
    unsigned int UTXH2;
    unsigned int URXH2;
    unsigned int UBRDIV2;
    unsigned int UFRACVAL2;
    unsigned int UINTP2;
    unsigned int UINTSP2;
    unsigned int UINTM2;
}uart2;
#define UART2 ( * (volatile uart2 *)0x13820000 )
```

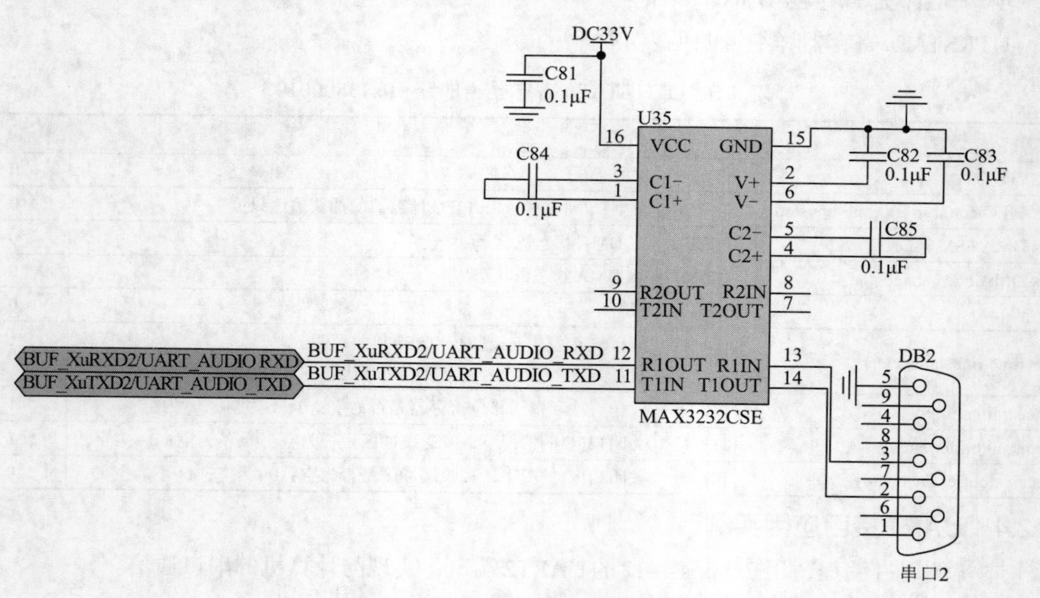

图 4.4　串口 2 电路连接图

（2）实现UART2的数据收发

【例4.2】UART数据收发编程。

```
/*******************************************************************
* 函数功能：延时函数
*******************************************************************/
void delay_ms(int time){
    int i,j;
    while(time--){
        for(i=0;i<5;i++)
```

```
        for(j=0;j<5;j++);
    }
}
/***********************************************************************
* 函数功能：串口初始化
***********************************************************************/
void uart_init(){
    GPA1.GPA1CON=(GPA1.GPA1CON & ~0xFF ) | (0x22);
                                  //引脚配置为 UART 模式 GPA1_0:RX; GPA1_1:TX
    UART2.ULCON2=0x03; //设置 UART 帧格式为 8 位数据位，1 位停止位，无校验位
    UART2.UCON2=0x5;              //设置 UART 发送和接收为普通的 polling 模式
    UART2.UBRDIV2=53;
    UART2.UFRACVAL2=4;            //UART 时钟源为 100 MH，设置串口波特率为 115 200
}
/***********************************************************************
* 函数功能：串口输出一个字符
* 输入函数：c 为要发送的字符
***********************************************************************/
void putc(const char c){
   while(!(UART2.UTRSTAT2 & 0X2));    //检测发送缓存为空，则写入数据，否则循环等待
      UART2.UTXH2=c;
}
/***********************************************************************
* 函数功能：串口输出一个字符串
* 输入函数：pstr 为要输出的字符串
***********************************************************************/
void puts(const char *pstr){
     while(*pstr!='\0')
        putc(*pstr++);
}

/***********************************************************************
* 函数功能：串口接收一个字符
* 返回值：接收到的字符
***********************************************************************/
unsigned char getchar( ){
    unsigned char c;
    while(!(UART2.UTRSTAT2 & 0X1));   //检测接收缓存为空，则接收数据，否则循环等待
        c=UART2.URXH2;                //修改为 URXH2
    return c;
}
/***********************************************************************
* 函数功能：主函数
***********************************************************************/
int main( ){
    uart_init();                      //串口初始化
    delay_ms(1000);                   //延时
    puts("UART2 Test: please input string!\n");
    while(1){
       putc(getchar());               //将接收到的字符再回送到串口显示
    }
    return 0;
}
```

4.3 中断裸机编程

4.3.1 ARM中断控制器简介

在嵌入式系统开发过程中，稍微复杂的设备都会用到中断。中断的目的是提高设备响应的实时性，而实时性又是嵌入式产品的一个很重要的指标。中断是应对突发事件的一种机制。

在ARM中，中断分为IRQ以及FIQ，而ARM内核也只有两个外部中断输入信号：*n*IRQ和*n*FIQ。这两者的区别只是中断优先级的高低。实际上中断有多个，CPU核也有多个。CPU怎样区分外部中断是哪个，这些中断给那个CPU核来处理，中断的优先级又是什么？为此，在系统集成时，一般都会有一个中断控制器来处理中断信号，如图4.5所示。

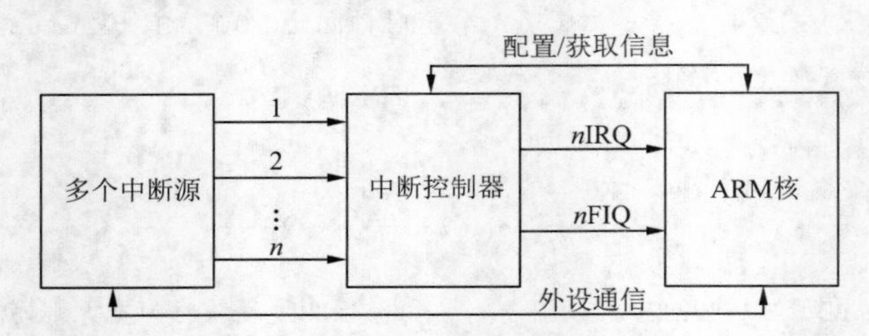

图4.5　中断系统示意图

Exynos 4412集成了通用中断控制器（generic interrupt controller，GIC）。GIC控制器包含了分配器（distributor）、CPU接口和虚拟CPU接口三大部分。分配器和CPU接口是GIC的两个主要功能模块。

1. 分配器

在系统中所有的资源都被分配器控制。分配器有相应的寄存器控制每个中断优先级、状态、安全、路由信息的属性等。除此之外，分配器还确定哪些中断通过所连接的CPU接口转发到CPU核。

分配器提供了如下功能：

① 使能和挂起中断，控制中断是否传递到CPU接口。

② 使能和禁用任意中断。

③ 设置任意中断优先级。

④ 设置中断为电平触发或者边沿触发。

⑤ 使用中断号来标识中断。

⑥ 查看任意中断的状态。

⑦ 设置任意目标处理器。

⑧ 传递任意SGI中断到一个或多个目标处理器。

⑨ 提供软件方式设置或清除任意中断的挂起状态。

2. CPU接口

每个核心都有一个单独的CPU系统接口。例如，Exynos 4412是四核的CPU，它的四个CPU核都有一个单独的CPU系统接口。通过CPU编程接口，CPU核可以收到中断，也可以屏蔽、识别和控制中断转发到内核。

CPU接口提供如下功能：

① 使能通知ARM核中断请求。

② 中断应答。

③ 指示中断处理完成。

④ 设置处理器的中断优先级屏蔽。

⑤ 定义处理器中断抢占策略。

⑥ 为处理器决定最高优先级的挂起中断。

4.3.2　中断源和中断号

通常将可以申请中断的设备称为中断源。在嵌入式系统中，中断源有很多。中断源既可以是外部的设备，如网卡、串口、LCD屏等，也可以是软件，如软中断。Exynos 4412总共支持160个中断源，其中16个SGI中断、16个PPI中断、128个SPI中断。

1. 软中断

软中断（software generated interrupt，SGI）是由软件生成的中断。它常用在CPU核间通信。中断号为0～15。

2. 专用外设中断

专用外设中断（private peripheral interrupt，PPI）是外设产生的，是由特定CPU核处理的中断。这些中断源对核心是私有的，并且独立于其他核上相同的中断源。其中断号为16 ~ 31。

3. 共享外设中断

共享外设中断（shared peripheral interrupts，SPI）是由外设产生的可以发送给一个或多个CPU核处理的中断源。中断号为32～159。

中断源使用中断号（ID）作为唯一标识，一个中断号对应唯一一个中断源。当ARM核心收到中断信号，并跳转到中断处理函数执行时，中断处理函数会先读取GIC控制器CPU接口模块内的中断响应寄存器（ICCIAR），一方面获取需要处理的中断ID号，进行具体的中断处理，另一方面作为ARM核心对GIC发来的中断信号进行应答。GIC接收到应答信号后，GIC分配器会把对应中断源的状态设置为Active状态，表明该中断发送给了核心，目前正在进行中断处理。

当中断处理程序执行结束后，中断处理函数需要写入相同的中断ID号到GIC控制器CPU接口模块内的中断结束寄存器（ICCEOIR），作为给GIC控制器的中断处理结束信号。GIC控制器会把对应中断源的状态由Active设置为Inactive，一次完整的中断处理就此结束。

4.3.3　Exynos 4412中断相关寄存器

Exynos 4412中与中断相关的寄存器有很多，这里以外部按键中断为例，只介绍与本节实例相关的寄存器和相关位，其余寄存器和相关位可查阅Exynos 4412手册。

1. 外部中断配置寄存器EXT_INT41_CON

外部中断源触发中断的方式可以是上升沿、下降沿、高电平、低电平、双沿触发。EXT_NT41CON对应GPX1的中断配置寄存器。通过测试可知。GPX1_1对应EXT_ INT41[1]。

EXT_INT41_CON寄存器见表4.7。

表 4.7　EXT_INT41_CON 寄存器（地址 =0x11000E04）

名　称	位	作　用	复位值
RSVD	[7]	保留	0x0

续表

名 称	位	作 用	复位值
EXT_INT41_CON[1]	[6:4]	设置EXT_INT41[1]中断触发方式： 0x0=低电平；0x1=高电平；0x2=下降沿触发；0x3=上升沿触发；0x4=双沿触发； 0x5 to 0x7=保留	0x0

注：此寄存器其余位与[7:4]位类同。

2. 外部中断屏蔽寄存器EXT_INT41_MASK

EXT_INT41_MASK寄存器见表4.8。

表4.8 EXT_INT41_MASK寄存器（地址=0x11000F04）

名 称	位	作 用	复位值
RSVD	[31:8]	保留	0x0
EXT_INT41_CON[1]	[1]	0x0=使能中断；0x1=屏蔽中断	0x1

注：此寄存器其余位与[1]位类同。

3. 中断状态寄存器EXT_INT41_PEND

设置了EXT_INT41[1]中断触发方式后，当引脚收到触发信号，EXT_INT41_PEND[1]自动置1，表示该中断发生。

EXT_INT41_PEND寄存器见表4.9。

表4.9 EXT_INT41_PEND寄存器（地址=0x11000F44）

名 称	位	作 用	复位值
RSVD	[31:8]	保留	0x0
EXT_INT41_PEND[1]	[1]	0x0=中断未发生；0x1=中断发生	0x0

4. 中断使能寄存器（ICDISER*m*_CPU*n*，其中*m*=0～4，*n*=0～3）

ICDISER_CPU寄存器是与CPU0、CPU1、CPU2、CPU3通道相关的中断使能寄存器。ICDISER_CPU寄存器与各中断之间的对应关系，如图4.6所示。

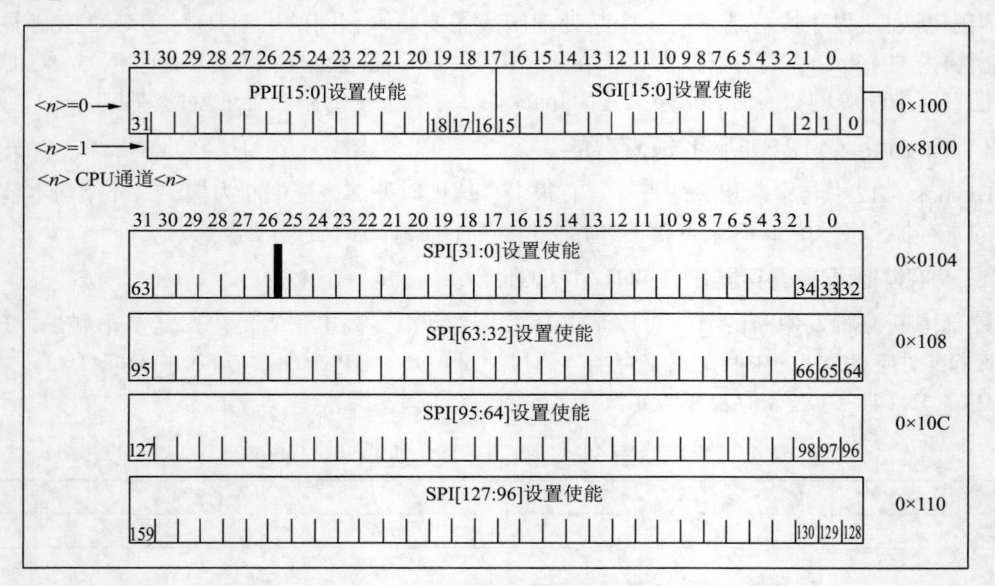

图4.6 ICDISER_CPU寄存器与中断之间的对应关系

每个ICDISER寄存器都有32位，每位使能一个中断。5个ICDISER共160位，对应了Exynos 4412的160个中断号。

例如，中断号为25号的SPI中断信号，若要发送到CPU0去处理。根据图4.6的对应关系，编程将设置ICDISER1_CPU0寄存器的25位置1，即可使能CPU0对SPI25的中断。

ICDISER_CPU寄存器见表4.10

表 4.10　ICDISER_CPU 寄存器

名　称	位	作　用	复位值
Set-enable bits	[31:0]	每一位对应一个中断： 读：0=对应中断状态为禁止；1=对应中断状态为使能。 写：0=无效；1=使能对应中断	0x0

5. 中断目标CPU配置寄存器（ICDIPTR*m*_CPU*n*，其中*m*=0～39，*n*=0～3）

ICDIPTR*m*_CPU*n*寄存器用来配置中断将要发送到哪个CPU处理，见表4.11。

表 4.11　ICDIPTRm_CPU*n* 寄存器

名　称	位	作　用	复位值
CPU targets, byte offset 3	[31:24]	CPU目标字段中的每一位都对应了相应的处理器。系统中的处理器编号从0开始例如，值0x3表示挂起的中断被发送到处理器0和1	0x0
CPU targets, byte offset 2	[23:16]		0x0
CPU targets, byte offset 1	[15:8]		0x0
CPU targets, byte offset 0	[7:0]		0x0

该寄存器的每个CPU targets位域设置方法见表4.12。

表 4.12　CPU targets 位域值设置方法

CPU目标字段值	中 断 目 标	CPU目标字段值	中 断 目 标
0bxxxxxxx1	CPU interface 0	0bxxx1xxxx	CPU interface 4
0bxxxxxx1x	CPU interface 1	0bxx1xxxxx	CPU interface 5
0bxxxxx1xx	CPU interface 2	0bx1xxxxxx	CPU interface 6
0bxxxx1xxx	CPU interface 3	0b1xxxxxxx	CPU interface 7

ICDIPTR*m*_CPU*n*寄存器和中断号的对应关系如图4.7所示。例如，将ICDIPTR6_CPU0的[15:8]设置为0x1，则表示SPI25中断要送到CPU0。

6. GIC中断使能寄存器（ICDDCR）

ICDDCR寄存器是用来使能GIC中断控制器的，见表4.13。

表 4.13　ICDDCR 寄存器（地址 =0x10490000）

名　称	位	作　用	复位值
RSVD	[31:1]	保留	0x0
Enable	[0]	GIC控制器使能：0=禁止（忽略所有中断）；1=使能	0x0

7. CPU接口控制寄存器（ICCICR_CPU*n*　*n*=0~3）

ICCICR_CPU*n*寄存器控制着GIC与CPU的接口。使能该寄存器，中断信号即可通过GIC中断控制器到达目标CPU。

ICCICR_CPU*n*寄存器见表4.14。

表 4.14 ICCICR_CPU*n* 寄存器（地址 =0x10480000、0x10484000、0x10488000、0x1048C000）

名称	位	描述	复位值
RSVD	[31:1]	保留	0x0
Enable	[0]	0：禁止 1：使能	0x0

8. CPU优先级过滤寄存器（ICCPMR_CPU*n*，其 *n*=0～3）

ICCPMR_CPU*n* 寄存器提供中断优先级过滤器。只有优先级高于此寄存器中的值的中断才可以向处理器发送信号。需要注意的是，优先级值越小，级别越高。

ICCPMR_CPU*n* 寄存器见表4.15。

表 4.15 ICCPMR_CPU*n* 寄存器（地址 =0x10480004、0x10484004、0x10488004、0x1048C004）

名称	位	作用	复位值
RSVD	[31:8]	保留	0x0
Priority	[7:0]	当中断的优先级高于此字段指示的值时，接口会向处理器发送中断信号。数值范围：0x00～0xFF（0～255）	0x0

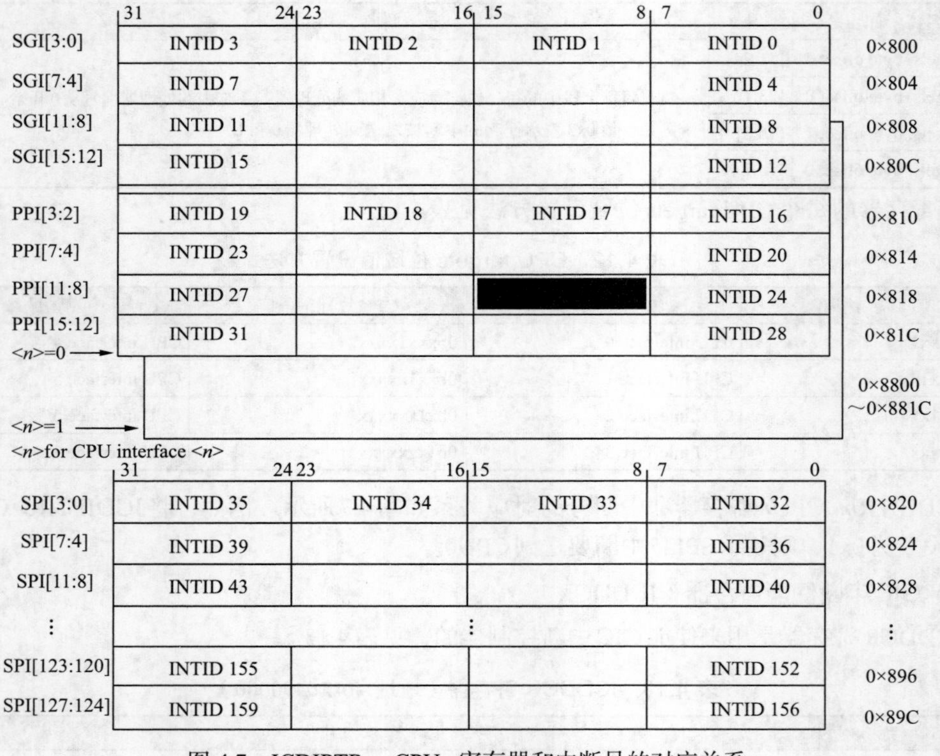

	31　24	23　16	15　8	7　0	
SGI[3:0]	INTID 3	INTID 2	INTID 1	INTID 0	0×800
SGI[7:4]	INTID 7			INTID 4	0×804
SGI[11:8]	INTID 11			INTID 8	0×808
SGI[15:12]	INTID 15			INTID 12	0×80C
PPI[3:2]	INTID 19	INTID 18	INTID 17	INTID 16	0×810
PPI[7:4]	INTID 23			INTID 20	0×814
PPI[11:8]	INTID 27			INTID 24	0×818
PPI[15:12]	INTID 31			INTID 28	0×81C

<n>=0 →

<n>=1 →　　0×8800～0×881C

<n>for CPU interface <n>

	31　24	23　16	15　8	7　0	
SPI[3:0]	INTID 35	INTID 34	INTID 33	INTID 32	0×820
SPI[7:4]	INTID 39			INTID 36	0×824
SPI[11:8]	INTID 43			INTID 40	0×828
⋮			⋮		⋮
SPI[123:120]	INTID 155			INTID 152	0×896
SPI[127:124]	INTID 159			INTID 156	0×89C

图 4.7 ICDIPTR*m*_CPU*n* 寄存器和中断号的对应关系

9. 中断响应寄存器（ICCIAR_CPU*n*，其中 *n*=0～3）

中断处理函数通过对中断响应寄存器ICCIAR_CPU*n*的读取来获得中断ID号。ICCIAR_CPU*n*寄存器见表4.16。

表 4.16　ICCIAR_CPU*n* 寄存器（地址 =0x1048000C、0x1048400C、0x1048800C、0x1048C00C）

名　　称	位	作　　用	复 位 值
RSVD	[31:13]	保留	0x0
CPUID	[12:10]	对 SGI 中断，返回相应的 CPU 号码	0x0
ACKINTID	[9:0]	需要处理的中断 ID 号	0x3FF

10. 中断处理结束寄存器（ICCEOIR_CPU*n*，其中 *n*=0～3）

当中断处理程序执行结束后，需要将处理的中断ID号写入中断结束寄存器ICCEOIR，作为ARM核心给GIC控制器的中断处理结束信号。

ICCEOIR_CPU*n* 寄存器见表4.17。

表 4.17　ICCEOIR_CPU*n* 寄存器（地址 =0x10480010、0x10484010、0x10488010、0x1048C010）

名　　称	位	作　　用	复位值
RSVD	[31:13]	保留	0x0
CPUID	[12:10]	对 SGI 有效，与 ICCIAR 寄存器具有相同的 CPUID 值	0x0
EOIINTID	[9:0]	中断处理结束，写入与 ICCIAR 寄存器内相同的中断 ID 号，作为中断处理结束信号	0x0

4.3.4　GIC中断应用实例

这里以Exynos 4412的K2按键为例，说明Exynos 4412的GIC中断处理过程。按键电路原理及中断信号发送到CPU核的传输过程如图4.8所示。

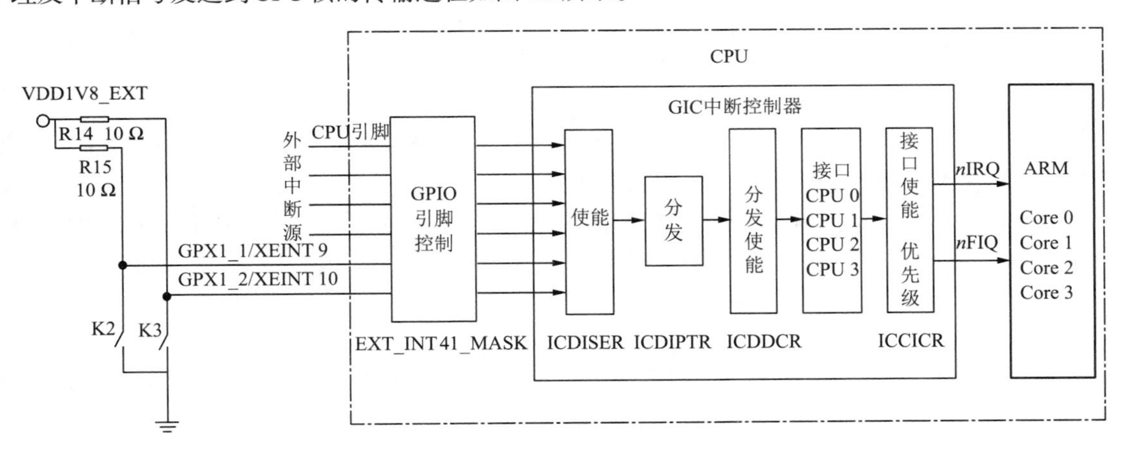

图 4.8　按键中断信号传输示意图

K2与Exynos 4412的GPX1_1引脚相连。当K2按键没有按下时，GPX1_1引脚处于高电平状态；当K2按键按下时，产生一个下降沿和低电平。利用GPX1_1引脚的下降沿触发中断，进入相应的中断处理函数，处理中断事件。

1. GIC中断设计流程

按键K2产生的中断到达CPU核要经过以下三级控制：

① GPIO控制器。

② GIC控制器。

③ CPU核。

IRQ中断设置流程如下：

第一级：GPIO控制器。

① 设置引脚。K2连接在GPX1_1引脚上，设置该引脚为中断功能。

② 配置EXT_INT41_CON寄存器为下降沿触发方式。当按键按下时，发送中断信号。

③ 配置EXT_INT41_MASK寄存器，设置为使能中断。打开外设通往GIC的开关。

④ EXT_INT41_PEND[1]寄存器，当中断发生时，会自动置1，不断地向GIC中发送信号，告诉GIC有中断信号触发。当中断处理完后要手动置0，停止通知。向寄存器中写入1置0。

第二级：GIC控制器。

ARM中可以处理160种中断，每一种中断有一个中断号，从0到159号。

① 配置ICDDCR寄存器。全局使能GIC，该寄存器是所有中断通往内核的开关。将寄存器置1，即打开开关，中断才可以交给内核处理。

② 配置ICDISER寄存器。每个ICDISER寄存器为32位，GIC共有五个该寄存器，一共有160位，每一位对应一个中断号。相应位的中断号置1，允许该中断打开。

③ 配置ICDIPTR_CPU寄存器。在多核ARM中，GIC通过该寄存器设置将中断交给相应的内核处理，该寄存器有32位，每8位管理一种中断，每一位对应一个内核，内核从0编号到7。GIC中共有40个ICDIPTR寄存器，管理160个中断。相应位置1，就说明交由哪个CPU处理。

第三级：CPU核。

① 配置ICCICR_CPU*n*寄存器。控制GIC向CPU发送中断。有四个ICCICR寄存器，对应四个内核，是中断进入内核的开关。

② 配置ICCPMR_CPU*n*寄存器。设置一个标准的优先级，等待进入CPU的中断优先级。如果高于此优先级，则可以进入内核，否则不可进入。相当于一个过滤器，将低优先级的中断全部过滤掉，可设的值的范围为0～255。

当上述三部分配置好后，即可等待中断的发生。

当按下K2按键后，PC首先会跳转到异常向量表，在异常向量表中找到相应的中断入口，然后跳转到中断程序入口do_irq，进行中断处理。

ICCIAR_CPU*n*寄存器保存的是当前进入内核的中断的中断号，该寄存器位于GIC中，执行do_irq()函数时，内核会在此寄存器中获取当前中断的中断号。

中断处理函数，应包括以下内容：

① 读取中断号。

② 清理挂起位。将EXT_INT41_PEND寄存器置0，告诉外设不要再向中断管理器发送中断信号。

③ 配置ICCEOIR_CPU*n*寄存器，将处理完后的中断的中断号写入ICCEOIR_CPU寄存器。

2. GIC中断实例代码

根据上述流程，写出GIC中断实例代码如下：

（1）在start.S汇编文件中设置中断向量表

```
_start:
    b               reset
    ldr             pc,_undefined_instruction
    ldr             pc,_software_interrupt
    ldr             pc,_prefetch_abort
    ldr             pc,_data_abort
    ldr             pc,_not_used
    ldr             pc,_irq
    ldr             pc,_fiq
```

```
_undefined_instruction: .word  _undefined_instruction
_software_interrupt:    .word  _software_interrupt
_prefetch_abort:        .word  _prefetch_abort
_data_abort:            .word  _data_abort
_not_used:              .word  _not_used
_irq:                   .word  _irq_handler
_fiq:                   .word  _fiq
```

（2）编写IRQ异常服务程序

```
irq_handler:
   sub  lr,lr,#4
   stmfd  sp!,{r0-r12,lr}                          // 进栈保存现场
   bl   do_irq                                     // 跳转到中断处理函数
irq_handler_end:
   ldmfd  sp!,{r0-r12,pc}^                         // 出栈恢复现场
```

（3）do_irq中断处理函数

```
void do_irq(void ){
   int irq_num;
   irq_num=ICCIAR_CPU0&0x3ff;                      // 获取中断 ID 号
   switch(irq_num) {
      case 57:                                     // 按下按键 K2
         GPX2DAT=GPX2DAT | (0x1<<1*7);             //LED 灯点亮
         EXT_INT41_PEND=EXT_INT41_PEND|(1<<1);     // 清 GPX1_1 中断标志
         ICDICPR1_CPU0=ICDICPR1_CPU0|(1<<25);      // 清 GIC  GPX1_1 中断标志
         break;
      case 58:                                     // 按下按键 K3
         GPX2DAT=GPX2DAT & (~(0x1<<1*7))           //LED 等熄灭
         EXT_INT41_PEND=EXT_INT41_PEND|(1<<2);     // 清 GPX1_2 中断标志
         ICDICPR1_CPU0=ICDICPR1_CPU0|(1<<26);      // 清 GIC  GPX1_2 中断标志
         break;
      }
   ICCEOIR_CPU0=(ICCEOIR_CPU0&0x3FF)|irq_num;      // 结束中断
}
```

（4）主函数

```
void interrupt_init(void){
   //----- 外 : 配置引脚的工作模式
   GPX1CON=(GPX1CON & ~(0xF<<4))|(0xF<<4); // 配置 GPX1_1 为中断模式
   EXT_INT41_CON=(EXT_INT41_CON & ～ (0x7<<4))|(0x2<<4);
                                  // 设置 GPX1_1 的触发方式为下降沿触发
   EXT_INT41_MASK=EXT_INT41_MASK & (~0x02);        //GPX1_1  中断使能
   GPX1CON=(GPX1CON & ~(0xF<<8))|(0xF<<8); // 配置  GPX1_2 为中断模式
   EXT_INT41CON=(EXT_INT41CON & ~(0x7<<8))|(0x2<<8);
                                  // 设置 GPX1_2 的触发方式未  下降沿触发
   EXT_INT41_MASK=EXT_INT41_MASK & (~0x04);        //GPX1_2  中断使能
   //----- 内 : 功能块设置
   ICDISER1_CPU0=ICDISER1_CPU0 | (1<<25);
                                  //EINT9 (GPX1_1)   GIC 中断使能
```

```
    ICDISER1_CPU0=ICDISER1_CPU0 | (1<<26);
                                                    //EINT9 (GPX1_2)  GIC 中断使能
    ICDIPTR14_CPU0|=(0x1<<8)
    ICDDCR=ICDDCR|1;                                //GIC 分发总使能
    ICCICR_CPU0=1;                                  // CPU0 中断使能
    ICCPMR_CPU0=0XFF;                               // 设置 CPU0 的优先级门槛为最低
}
void led_init(){
     GPX2CON=GPX2CON & (~(0xf<<4*7)) | (0x1<<4*7);
}
int main(void){
    led_init();
    interrupt_init();
    while(1){
    }
    return 0;
}
```

上述代码中，寄存器的封装与led_init()函数部分可参阅4.1.2部分，这里不再赘述。

习 题 4

一、选择题

1. 一般把没有（　　）的编程环境，称为裸机编程环境。
   A. 编辑软件　　B. 编译软件　　C. 图形化界面　　D. 操作系统
2. 嵌入式系统裸机开发时，正确的步骤是（　　）。
   ①编程　　②看电路图　　③查看芯片手册
   A. ①②③　　B. ③②①　　C. ②③①　　D. ②①③
3. 关于GPX2CON寄存器，叙述正确的是（　　）。
   A. GPX2端口组配置寄存器　　B. GPX2端口组数据寄存器
   C. GPX2端口组上下拉电阻设置寄存器　　D. GPX2端口组驱动控制寄存器
4. 在Exynos 4412中，若要将GPX2_7引脚设置为输出功能，则需要设置（　　）寄存器。
   A. GPX2DRV　　B. GPX2CON　　C. GPX2PUD　　D. GPX2DAT
5. 在Exynos 4412中，若要将GPX2_7引脚设置为高电平，则需要设置（　　）寄存器。
   A. GPX2DRV　　B. GPX2CON　　C. GPX2PUD　　D. GPX2DAT
6. 关于GIC的CPU接口功能的叙述，正确的是（　　）。
   A. 使能和挂起中断　　B. 中断应答　　C. 设定中断优先级　　D. 设置中断触发方式

二、填空题

1. 通用输入/输出接口简称________。

2. 通用异步收发器，是一种通用的________通信总线。该总线有________条数据线，可以实现________的发送和接收，在嵌入式系统中常用于________与________之间的通信。

3. Exynos 4412通用异步收发器每个端口都可支持________模式及________模式。

4. Exynos 4412的UART由________、________、________和________四部分构成。

5. 中断的目的是提高设备响应的________，而________又是嵌入式产品的一个很重要的指标。中断是应对________的一种机制。

6. Exynos 4412 的 GIC 控制器包含________、________和________三大部分。

7. ARM 内核也只有两个外部中断输入信号：________和________。这两者的区别只是中断优先级的高低。

8. Exynos 4412 有 160 个中断源，这 160 个中断源分为三类：其中 SGI 中断用于________，SPI 中断________，而专用于特定 CPU 核的中断则是________。

三、编程题

1. 若串口波特率为 9 600 bit/s、8 位数据位、1 位校验位、1 位停止位，则传送 1 个字节的数据至少需要多长时间？

2. 已知 Exynos 4412 串口所需的波特率为 9 600，试计算 UBRDIV2 寄存器的值为 259 和 UFRACVAL2 寄存器的值为 7，则系统总线时钟频率是多少？写出计算过程。

3. 查看 FS4412 实验箱的电路原理图和 Exynos 4412 芯片手册，试完成 LED1、LED2、LED3，LED4 流水灯的裸机编程。

4. RTC 裸机开发。查看 Exynos 4412 芯片手册中，试通过串口工具显示 Exynos 4412 的时间。

第5章
内核模块

随着嵌入式系统复杂性的增长，系统中需要管理的资源也越来越多。像裸机开发那样，仅用一个循环来实现嵌入式系统就变得非常困难。对于复杂的嵌入式产品，就需要引入操作系统来管理系统的各项资源。

内核是一个操作系统的核心。它负责管理系统的进程、内存、设备驱动程序、文件和网络系统等，决定着系统的性能和稳定性，是连接应用程序和硬件的桥梁。

本章主要内容：

- 一个简单的内核模块。
- 多个源文件编译生成一个内核模块。
- 内核模块参数。
- 内核模块依赖。

5.1 内核模块概述

内核（kernel）是操作系统最基本的部分，主要负责管理系统资源。内核在设计上分为宏内核（或单内核）与微内核两大架构。

宏内核是指将系统的主要功能模块作为一个紧密联系的整体运行在核心态，从而为用户程序提供高性能的系统服务。因为各管理模块之间共享信息，所以具有无可比拟的性能优势。Linux和Android都是宏内核操作系统的代表。

微内核是指将内核中最基本的功能保留在内核，而将那些不需要在核心态执行的功能移到用户态执行，从而降低内核的设计复杂性。那些移出内核的操作系统代码根据分层的原理被划分成若干服务程序，它们的执行相互独立，它们之间的交互则都借助于微内核进行通信。Windows和鸿蒙操作系统采用了微内核设计。

使用微内核的操作系统具有很好的可扩展性，而且内核非常小。但这样的操作系统由于不同层次之间的消息传递要花费一定的代价，所以效率比较低。对宏内核操作系统来说，所有的模块都集成在一起，系统的速度和性能都很好，但是可扩展性和维护性相对比较差。

为了改善宏内核操作系统的可扩展性、可维护性等，Linux操作系统使用了一种全新的内核模块（简称模块）机制。简单地说，内核模块就是被单独编译的一段内核代码。用户可以根据需要，在不需要对内核重新编译的情况下，将模块动态地装入内核或从内核移出。内核模块可以用来实现一种文件系统、一个驱动程序，或其他内核上层的功能。

从代码的角度看，内核模块是一组可以完成某种功能的函数集合。从执行的角度看，内核模块可以看作一个已经编译但还没有连接的程序。从用户的角度来看，内核模块是一个外挂组件，在需要时加载到内核，不需要时可以卸载。内核模块给开发者提供了动态扩充内核功能的途径。由于引入了内核模块机制，Linux 的内核可以达到最小。

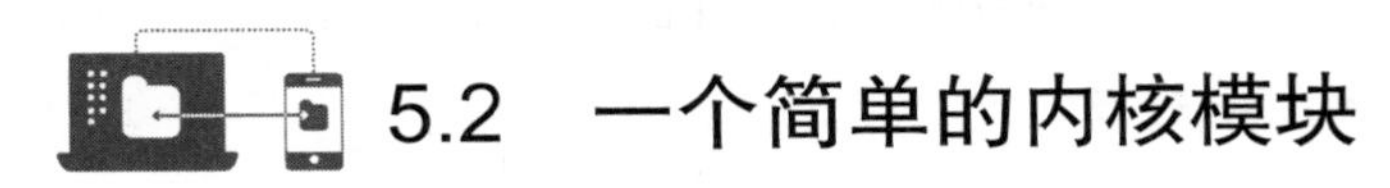

5.2　一个简单的内核模块

5.2.1　编写一个简单的内核模块

内核模块的编写框架基本是固定的，可按如下四步进行：

1. 添加头文件

```
#include <linux/init.h>
#include <linux/module.h>
#include <linux/kernel.h>
```

任何模块程序的编写都需要包含 <linux/module.h> 这个头文件，这个文件包含了对模块的结构定义以及模块的版本控制。

在 <linux/init.h> 头文件中包含了 module_init 与 module_exit 两个宏。

<linux/kernel.h> 头文件包含了常用的内核函数。printk() 函数的原型声明就在该文件中。

2. 内核模块加载函数和卸载函数入口声明

```
module_init(hello_drv_init);
module_exit(hello_drv_exit);
```

module_init() 中的参数即为加载（初始化）函数的函数名。module_exit() 中的参数名即为卸载（清除）函数的函数名。加载函数（初始化函数）在模块加载时，将会对某些对象进行初始化，如内存的分配、驱动的注册等。卸载函数则在模块从内核中卸载时被调用，该函数主要完成清除性的操作，如内存释放、驱动注销等，是加载函数的逆操作。

3. 实现模块加载和卸载函数

```
static int __init hello_drv_init(void) {    // 申请资源，注意 __init，这里是两
个下划线
{
    printk(KERN_ALERT "(init)Hello,World !\n");
    return 0;
}
static void __exit hello_drv_exit(void)     // 释放资源，__exit 也是两个下画线
{
    printk(KERN_ALERT "(exit)Hello,World !\n");
}
```

从内核的动态加载特性可以看出，内核模块至少支持加载和卸载这两种操作。因此，一个内核模块至少包括加载和卸载两个函数。在 Linux 内核中，通过 module_init() 宏可以在加载内核模块的时候调用内核模块的初始化函数，module_exit() 宏则可以在卸载内核模块时调用内核模块的卸载函数。内核模块的初始化和卸载函数是有固定格式的。

这两个函数的名称用户可以自己定义，但是必须使用规定的返回值和参数格式。static 修饰符的作用是函数仅在当前文件有效，外部不可见；__init 和 __exit 是 Linux 内核的一个宏定义，__init 是把要修饰的函数放到 ELF 文件的特定代码段，在模块加载这些段时将会单独分配内存空间，该函数调用成功后，将会释放这部分内存空间以供重用；__exit 作用与 __init 类似，该

代码仅在卸载模块时被调用，运行完成后自动释放内存空间。

在内核空间要用printk()函数而不能用平常的打印函数printf()。其作用类似，只是printk()函数支持额外的打印级别。这里添加printk()打印的主要目的是便于内核模块的调试。

4. 内核模块版权协议声明

```
MODULE_LICENSE("GPL");
```

MODULE_LICENSE是一个宏，里面的参数是一个字符串，代表相应的许可证协议。这些协议可以是GPL、GPL v2、GPL and additional rights、Dual BSD/GPL、Dual MIT/GPL等。

Linux是一个开源的项目，为了使Linux在发展的过程中不成为一个闭源的项目，要求任何使用Linux内核源码的个人或组织在免费获得源码并可针对源码做任意的修改和再发布的同时，必须将修改后的源码发布，这就是GPL许可证协议。没有这行代码，内核中的某些函数是不能被调用的。

除了MODULE_LICENSE之外，还有很多类似的描述模块信息的宏。例如，MODULE_AUTHOR用于描述模块的作者信息，MODULE_ALIAS可以给模块取一个别名等。

综上所述，一个简单的内核模块完整代码如下：

【例5.1】简单内核模块编程。

```
/*  hello.c  */
#include <linux/init.h>
#include <linux/module.h>
#include <linux/kernel.h>
static int __init hello_drv_init(void)      // 申请资源，注意 __init，这里是两
                                            // 个下画线
{
    printk(KERN_ALERT "(init)Hello,World !\n");
    return 0;
}
static void __exit hello_drv_exit(void)     // 释放资源，__exit 也是两个下画线
{
    printk(KERN_ALERT "(exit)Hello,World !\n");
}
module_init(hello_drv_init);
module_exit(hello_drv_exit);
MODULE_LICENSE("GPL");
```

内核模块编程及后序章节的学习建议使用source insight这一软件。source insight几乎支持所有的语言，包括C、C++、ASM、HTML等，能够自动创建并维护它自己高性能的符号数据库，包括函数、method、全局变量、结构、类和工程源文件里定义的其他类型的符号，对于大工程的源码阅读非常方便。ource insight安装和工程项目创建方法可参阅视频source insight编辑内核模块。

source insight编辑内核模块

5.2.2 编译内核模块

1. 内核模块的编译和执行

编译内核模块需要正在运行的内核版本头文件（linux-headers，或者等同的软件包）和build-essential（或者类似的包）。可通过下面的Makefile模板编译内核模块。

【例5.2】Makefile模板。

```
    /*  Makefile   */
1   ifeq ($(KERNELRELEASE),)
2
3   ifeq ($(ARCH),arm)
4   KERNELDIR?=/home/linux/myj/linux-3.14-fs4412
5   else
6   KERNELDIR?=/lib/modules/$(shell uname -r)/build
7   endif
8   PWD:=$(shell pwd)
9   modules:
10      $(MAKE) -C $(KERNELDIR) M=$(PWD) modules
11  clean:
12      rm -rf *.o *.ko .*.cmd *.mod.* modules.order Module.symvers .tmp_versions
13  else
14      obj-m:=hello.o
15  endif
```

代码第3行到第7行用于将内核模块交叉编译，用于实验设备驱动程序的编译，暂时可以忽略。其余代码被外层的ifeq...else...endif语句分成了两部分。KERNELRELEASE是内核源码树中顶层Makefile文件中定义的一个变量，该变量会用export导出，从而在内核源码的子Makefile中使用该变量。该变量被赋值为Linux内核源码的版本。

当输入make命令对当前目录下的Makefile解释执行时，KERNELRELEASE变量没有被赋值，所以ifeq条件成立，则解释执行第一部分的内容（第3～7行先忽略，只看第8～12行）。这里定义了当前模块所在的目录变量PWD。Makefile文件中的第一个目标modules为默认目标，执行make时，默认执行第10行的内容，生成该目标。第10行的含义是进入内核源码目录[由-C $(KERNELDIR)指定]，编译在内核源码之外（由M=$(PWD)指定）的一个目录中的模块。$(MAKE)相当于make，主要用于平台兼容。

当编译过程退出内核源码目录，再次进入当前该模块目录时，上述的Makefile第二次被解释执行。这次由于KERNELRELEASE变量已被赋值，不再为空，因而将解释执行Makefile中的else部分（第14行）。其中，obj-m表示将后面跟的目标编译成一个模块。具体编译、执行过程如图5.1所示。

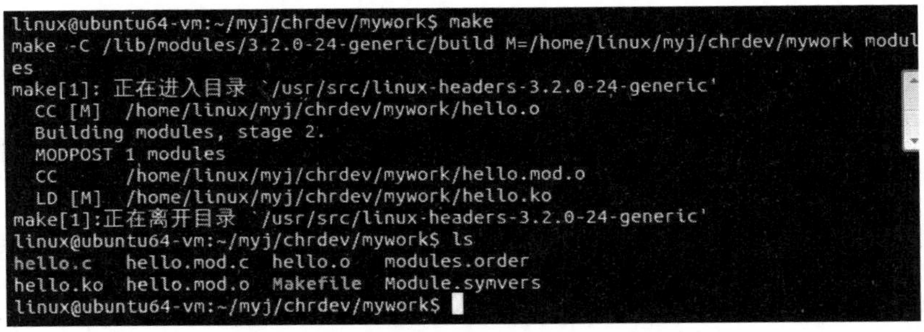

```
linux@ubuntu64-vm:~/myj/chrdev/mywork$ make
make -C /lib/modules/3.2.0-24-generic/build M=/home/linux/myj/chrdev/mywork modul
es
make[1]: 正在进入目录 `/usr/src/linux-headers-3.2.0-24-generic'
  CC [M]  /home/linux/myj/chrdev/mywork/hello.o
  Building modules, stage 2.
  MODPOST 1 modules
  CC      /home/linux/myj/chrdev/mywork/hello.mod.o
  LD [M]  /home/linux/myj/chrdev/mywork/hello.ko
make[1]:正在离开目录 `/usr/src/linux-headers-3.2.0-24-generic'
linux@ubuntu64-vm:~/myj/chrdev/mywork$ ls
hello.c   hello.mod.c  hello.o    modules.order
hello.ko  hello.mod.o  Makefile   Module.symvers
linux@ubuntu64-vm:~/myj/chrdev/mywork$
```

图 5.1　模块编译、执行过程

2. 内核模块的加载和卸载

使用insmod命令，可手动加载内核模块。insmod的作用是将指定目录下的一个.ko文件加载到内核。注意：只有超级用户才能使用该命令。加载模块命令如下：

```
$ sudo insmod hello.ko
```

模块加载成功后，使用dmesg命令，将看到控制台有如下输出：

```
$ dmesg | tail-1                                    //显示控制台最后一行的输出
[150.921743] (init)Hello,World !
```

要卸载一个内核模块可使用rmmod命令。rmmod程序将已经插入内核的模块从内核中移出，会自动运行在内核模块中自己定义的卸载函数。卸载命令如下：

```
$ sudo rmmod hello
$ dmesg | tail -2
[150.921743] (init)Hello,World !
[713.497336] (exit)Hello,World !
```

需要注意的是，有时卸载内核模块时会发生错误。此时需要检查gcc的版本与ubuntu的gcc版本是否一致。如果不一致，解决方法如下：

① 使用ls -al /usr/bin/gcc查看gcc版本。

② 使用cat /proc/version 查看系统信息，包含内核的gcc版本信息。

③ 若两者不一致，使用sudo rm -rf /usr/bin/gcc命令，删除之前存在的软连接。

④ sudo ln -s /usr/bin/gcc-4.6/usr/bin/gcc，重新建立软连接。

⑤ 重新启动虚拟机，加载模块。

使用lsmod命令将显示当前系统中正在使用的模块信息。实际上这个命令的功能就是读取/proc文件系统中的文件/proc/modules中的信息，和cat /proc/modules等价。

5.3 多个源文件编译生成一个内核模块

对于较复杂的驱动程序，将所有的代码写在一个源文件中通常是不太现实的。在C程序中，可把程序的功能进行拆分，由不同的源文件来实现对应的功能。内核模块亦可如此。

【例5.3】两个文件内核模块编程。

```
/*  test.c  */
#include "test.h"
void test(void)
{
    printk("hello world!\n");
}
/*  hello.c  */
#include "test.h"
static int __init hello_init(void)
{
    printk("hello init!\n");
    test();
    return 0;
}
static void __exit hello_exit(void)
{
    printk("hello exit\n");
}
module_init(hello_init);
```

```
module_exit(hello_exit);
/*  test.h  */
#include <linux/kernel.h>
#include <linux/init.h>
#include <linux/module.h>
MODULE_LICENSE("GPL");
void test(void);
```

将例 5.2 中的 Makefile 模板做如下修改：

```
    /*  Makefile  */
1   ifeq($(KERNELRELEASE),)
2
3   ifeq ($(ARCH),arm)
4   KERNELDIR?=/home/linux/myj/linux-3.14-fs4412
5   else
6   KERNELDIR?=/lib/modules/$(shell uname -r)/build
7   endif
8   PWD:=$(shell pwd)
9   modules:
10      $(MAKE) -C $(KERNELDIR) M=$(PWD) modules
11  clean:
12      rm -rf *.o *.ko .*.cmd *.mod.* modules.order Module.symvers .tmp_versions
13  else
14      obj-m:=myhello.o
15      myhello-objs :=hello.o test.o
16  endif
```

上述模块由 hello.c、test.c 和 test.h 构成。

在 Makefile 文件中 obj-m 参数指定最后得到的 .ko 文件来自于 myhello.o 文件，即由 myhello.o 生成 myhellol.ko 文件。myhello-objs 参数指定了 myhello.o 的来源，来自 hello.o 和 test.o，而 hello.o 和 test.o 默认由 hello.c 和 test.c 分别编译得到。该模块的编译、加载和卸载方法和前面相同。

5.4　内核模块参数

从前面的示例中可以看出，内核模块的加载函数和卸载函数参数类型都是 void 类型，表示两者都是不接收参数的。内核模块作为一个可扩展的动态模块，有时候要根据不同的应用场景给内核模块传递不同的参数。为此，Linux 提供了另外一种形式来传递参数信息，这就是所谓的模块参数。

模块参数允许用户在加载内核模块时通过命令行指定参数值，在模块的加载过程中，加载程序会得到命令行参数，并转换成相应类型的值，然后赋值给对应的变量，这个过程发生在调用模块初始化函数之前。

内核支持的参数类型有 bool、invbool（反转值 bool 类型）、charp（字符串指针）、short、int、long、ushort、uint、ulong。这些类型又可以复合成对应的数组类型。

Linux 内核提供了两个宏来实现模块的参数传递。两者的参数说明如下：

```
module_param(name,type,perm)
```

```
module_param_array(name,type,nump,perm)
```

① name：变量的名字。

② type：变量或数组元素的类型。

③ nump：数组元素个数的指针，可选。

④ perm：指定在sysfs中相应文件的访问权限。例如，设置为0表示不会出现在sysfs文件系统中；设置为S_IRUGO(0444)可以被所有人读取，但是不能被修改；设置为S_IRUGO|S_IWUSR(0644)，说明可以让root权限的用户修改这个参数。

下面通过实例说明内核模块参数的用法。

【例5.4】内核模块参数。

```
   /*例 5.4  module_param.c*/
1  #include <linux/init.h>
2  #include <linux/kernel.h>
3  #include <linux/module.h>
4
5  static int baudrate=9600;
6  static int port[4]={0,1,2,3};
7  static char *name="serial";
8
9  module_param(baudrate,int,S_IRUGO);
10 module_param_array(port,int, NULL,S_IRUGO);
11 module_param(name, charp,S_IRUGO);
12
13 static int __init serial_init(void)
14 {
15     int i;
16     printk("serial_init\n");
17     printk("baudrate: %d\n", baudrate);
18     for (i=0; i<ARRAY_SIZE(port); i++)
19         printk("%s%d\n ",name, port[i]);
20     return 0;
21 }
22
23 static void __exit serial_exit(void)
24 {
25     printk("serial_exit\n");
26 }
27
28 module_init(serial_init);
29 module_exit(serial_exit);
30
31 MODULE_LICENSE("GPL");
```

代码第5~7行分别定义了一个整型变量、整型数组和字符串指针。第9～11行将这三种类型的变量声明为模块参数。

编译完成后，加载该模块。如果不指定模块参数的值，就会打印函数中已经定义好的参数值。内核加载命令和打印信息如下：

```
$ sudo insmod module_param.ko
```

```
$ dmesg
[541.174323] serial_init
[541.174329] baudrate: 9600
[541.174331] serial0
[541.174335] serial1
[541.174337] serial2
[541.174338] serial3
```

如果需要指定模块参数的值，可以使用如下命令：

```
$ sudo  insmod  module_param.ko  baudrate=115200  port=1,2,3,4  name="uart"
$ dmesg
[ 1087.915274] serial_init
[ 1087.915279] baudrate: 115200
[ 1087.915281] uart1
[ 1087.915284] uart2
[ 1087.915286] uart3
[ 1087.915288] uart4
```

从输出结果可以看出，内核模块参数被正确地传输到了程序中。

5.5 内核模块依赖

在前面的模块代码中都使用了printk()函数，显然printk()函数是内核代码的一部分。这些模块之所以能编译通过，是因为这些模块仅仅进行了编译并没有进行连接。编译出来的.ko文件是一个普通的ELF目标文件，使用file命令和nm命令可以得到该模块的相关细节信息。

```
$ file module_param.ko
module_param.ko: ELF 64-bit LSB relocatable, x86-64, version 1 (SYSV),
BuildID[sha1]=0x4e3395fe4ea2f43 f41 a6b3d79db3ab64536247e7, not stripped
$ nm module_param.ko
0000000000000010 d port
                 U printk
0000000000000000 t serial_exit
0000000000000000 t serial_init
```

从上述信息可以看出printk的符号类型是U，表示它是一个未决符号，在编译阶段并不知道这个函数的地址。内核是如何解决未决符号的呢？看一下内核中printk的实现代码（linux/printk/printk.c）：

```
1674 asmlinkage int printk(const char *fmt, ...)
1675 {
1676     va_list args;
…
1692  }
1693  EXPORT_SYMBOL(printk);
```

在1693行有一个叫作EXPORT_SYMBOL的宏。该宏将printk导出，其目的是为动态加载的模块提供地址信息。

其工作原理大概是这样的：利用EXPORT_SYMBOL宏生成一个特定的结构并放到ELF文件的一个特定的段中，在内核的启动过程中，会将符号确切地址填充到这个结构的特定成员中。加载模块时，加载程序将去处理未决符号，在特殊段汇总搜索符号的名字，如果找到，则将获得的地址填充在被加载模块的相应段中，这样就可以确定符号的地址。利用这种方式处理未决符号，相当于把连接的过程推后进行了动态连接，和普通的应用程序使用共享库函数的道理类似。内核中有大量的符号导出，为模块提供丰富的基础设施。

同样，如果一个模块需要提供全局变量或函数到另外的模块使用，就需要将这些符号导出。两个模块之间会存在依赖关系。使用导出符号的模块将会依赖于导出符号的模块。

【例5.5】内核模块依赖。

```
    /*  module.c  */
1   #include <linux/kernel.h>
2   #include <linux/init.h>
3   #include <linux/module.h>
4   extern int add(int, int);
5   static int __init depende_init(void)
6   {
7       printk(KERN_ALERT "depende init\n");
8       printk(KERN_ALERT "a+b=%d\n",add(2,3));
9       return 0;
10  }
11
12  static void __exit depende_exit(void)
13  {
14      printk(KERN_ALERT "depende exit\n");
15  }
16  module_init(depende_init);
17  module_exit(depende_exit);
18  MODULE_LICENSE("GPL");

    /*  dep.c  */
1   #include <linux/kernel.h>
2   #include <linux/module.h>
3
4   int add(int a,int b)
5   {
6       return (a+b);
7   }
8   EXPORT_SYMBOL(add);
9   MODULE_LICENSE("GPL");
```

修改后的Makefile如下：

```
    /*  Makefile  */
1   ifeq ($(KERNELRELEASE),)
2
3   ifeq ($(ARCH),arm)
4   KERNELDIR?=/home/linux/myj/linux-3.14.25-fs4412
5   else
6   KERNELDIR?=/lib/modules/$(shell uname -r)/build
7   endif
8   PWD:=$(shell pwd)
9   modules:
```

```
10        $(MAKE) -C $(KERNELDIR) M=$(PWD) modules
11    clean:
12        rm -rf *.o *.ko .*.cmd *.mod.* modules.order Module.symvers .tmp_versions
13    else
14        obj-m:=module.o
15        obj-m+=dep.o
16    endif
```

上面的代码中，dep.c中定义了一个加法函数add()，并将该函数用EXPORT导出。在module.c中首先用extern声明了add()这个函数，并调用了该函数。在Makefile中则添加了第15行的代码，增加了对dep模块的编译。因为两个模块存在依赖关系，如果分别编译这两个模块，将会出现警告，并且即使加载顺序正确，加载也不会成功。

在加载和卸载上述两个模块时需要注意：

① 如果使用insmod命令加载上述两个模块，则必须先加载dep模块，再加载module模块。因为在module模块中使用了dep模块导出的符号。

② 卸载模块是则要先卸载module模块，再卸载dep模块，否则dep模块被module模块使用而不能卸载。因为内核会创建模块依赖关系的链表，只有当这个模块的依赖链表为空时，模块才能被卸载。

实验 4　Linux 内核移植

【实验目的】

① 了解Linux内核结构。

② 掌握配置和编译Linux内核的方法。

【实验步骤】

Linux内核移植

① 打开虚拟机，新建实验目录。

```
$ cd ~
$ mkdir kernel
$ cd kernel
```

② 将内核源码linux-3.14.tar.bz2复制到kernel目录下，并解压。

```
$ tar xvf  linux-3.14.tar.bz2
$ cd  linux-3.14
```

③ 查看内核源码目录。

④ 修改内核顶层目录下的Makefile，顶层目录的Makefile是整个内核配置编译的核心文件。

```
$ vim Makefile
```

将Makefile中的下面两行：

```
ARCH ?=$(SUBARCH)
CROSS_COMPILE?=$(CONFIG_CROSS_COMPILE:"%="%)
```

修改为：

```
ARCH?=arm
CROSS_COMPILE?=arm-none-linux-gnueabi-
```

⑤ 复制参考板配置文件。

```
$ cp arch/arm/configs/exynos_defconfig.config
```

⑥ 配置内核。

```
$ make menuconfig
```

弹出图形化配置界面，如图5.2所示。

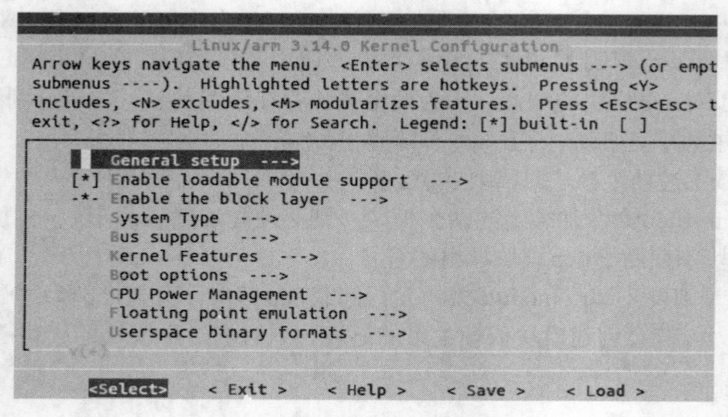

图 5.2　图形化配置界面

⑦ 配置完成后保存退出。

⑧ 编译内核。

```
$ make uImage
```

⑨ 复制参考板设备树文件。

```
$ cp arch/arm/boot/dts/exynos4412-origen.dts arch/arm/boot/dts/exynos4412-fs4412.dts
```

⑩ 修改arch/arm/boot/dts/Makefile，在exynos4412-origen.dtb \ 下添加如下内容：

```
exynos4412-fs4412.dtb \
```

⑪ 编译设备树。

```
$ make dtbs
```

⑫ 复制设备树和内核文件到/tftpboot目录下。

```
$ cp arch/arm/boot/uImage/tftpboot/
$ cp arch/arm/boot/dts/exynos4412-fs4412.dtb/tftpboot/
```

⑬ 复制NFS根文件系统，并将其解压到/source/目录下。

```
$ cp rootfs.tar.xz /source
$ cd /source/
$ tar xvf rootfs.tar.xz
```

⑭ 启动PuTTY，设置串口参数。

⑮ 连接实验箱并启动，在系统倒计时结束前按任意键结束启动。

⑯ 修改Uboot启动参数，并保存。

```
# setenv serverip 192.168.190.52
                                    //设置服务器 IP 地址，即 ubuntu 虚拟机 IP 地址
```

```
    # setenv ipaddr 192.168.190.102
                                        //设置实验箱的 IP 地址，与主机、虚拟机在同一号段
    # setenv bootargs root=/dev/nfs nfsroot=192.168.190.52:/source/rootfs rw
ip=192.168.190.102 init=/linuxrc console= ttySAC2,115200    //设置启动参数
    # setenv bootcmd tftp 41000000 uImage\;tftp 42000000 exynos4412-fs4412.
dtb\; bootm 41000000-42000000                                  //设置启动命令
    # saveenv
```

在bootargs中，192.168.190.52对应ubuntu的IP地址，192.168.190.102对应实验箱的IP地址。

⑰ 在PuTTY窗口输入boot命令，重新启动系统。

```
    # boot
```

此时观察到实验箱下载内核镜像文件uImage、设备树文件exynos4412-fs4412.dtb，并启动Linux内核。

习 题 5

一、选择题

1. 采用宏内核操作系统的是（　　）。
   A. Windows操作系统　　B. Linux
   C. FreeRTOS　　D. Harmony OS
2. 采用微内核操作系统的是（　　）。
   A. Windows操作系统　　B. Linux
   C. Android　　D. UNIX
3. 关于微内核，下列说法错误的是（　　）。
   A. 将内核中最基本的功能保留在内核
   B. 降低内核的设计复杂性
   C. 效率比较低
   D. 主要功能模块作为一个紧密联系的整体运行在核心态
4. 关于内核模块，下列说法错误的是（　　）。
   A. 是一个已经编译但还没有连接的程序　　B. 是一组可以完成某种功能的函数集合
   C. 是一个驱动程序　　D. 是一个外挂组件
5. 与内核模块加载有关的宏是（　　）。
   A. MODULE_LICENSE　　B. module_init
   C. MODULE_ALIAS　　D. module_exit
6. 与内核模块版权声明有关的宏是（　　）。
   A. MODULE_LICENSE　　B. module_init
   C. MODULE_ALIAS　　D. module_exit
7. 内核模块加载命令是（　　）。
   A. rmmod　　B. lsmod　　C. insmod　　D. mknod
8. 与lsmod等效的命令是（　　）。
   A. cat /proc/devices　　B. cat /proc/modules

C. cat /proc/misc　　D. cat /proc/interrupts

9. U-Boot中存放内核启动参数的环境变量是（　　）。

A. bootcmd　　B. bootdelay　　C. bootargs　　D. ipaddr

10. U-Boot的命令中存放启动命令的环境变量是（　　）。

A. bootcmd　　B. bootdelay　　C. bootargs　　D. ipaddr

二、填空题

1. 内核是________的核心，它决定着系统的________和________，是连接________和________的桥梁。

2. 内核在设计上分为________与________两大架构。

3. 内核模块就是________的一段内核代码。根据需要，内核模块能________装入内核或从内核移出。

4. 内核模块可以用来实现一种________、一个________，或其他________的功能。

5. 从内核的动态加载特性可以看出，内核模块至少支持________和________这两种操作。

6. 在内核模块代码中，加载函数和卸载函数前面的static修饰符，其作用是________，__exit的作用是________。

7. 若有一内核模块mydrv.ko，则卸载该模块的命令为________，加载该模块的命令为________。

8. 模块参数允许用户在________内核模块时通过________指定参数值。

三、简答题

1. 什么是宏内核？什么是微内核？两者各有何特点？

2. 什么是内核模块？Linux中引入模块机制有什么好处？

3. 在make menuconfig配置界面中，内核代码如下三种编译方式的含义，请描述之。

[ ] ________________

[*] ________________

[M] ________________

4. 按要求编写A和B两个内核模块，要求在A模块中输入两个整型参数x和y，并调用B模块中的最大值函数，打印出x和y两者的最大值。

第6章 字符设备驱动

字符设备驱动是Linux驱动中最基本的一类设备驱动，字符设备是一个个字节按照字节流进行读/写操作的设备。读/写数据是分先后顺序的，如常见的电灯、按键、IIC、SPI、LCD等都是字符设备。

本章主要内容：

• Linux系统设备概述。

• 字符设备驱动编程。

• ioctl。

6.1 Linux系统设备概述

Linux系统的设备分为三类：字符设备、块设备和网络设备。

1. 字符设备

字符设备通常指像普通文件或字节流一样，以字节为单位顺序读/写的设备。字符设备是面向流的设备，因为数据流量通常不是很大，所以一般没有页高速缓存。常见的字符设备有鼠标、键盘、串口、控制台和LED等。大多数字符设备只能提供顺序访问，但也有例外，如帧缓存（如显卡）就是一个可以被随机访问的字符设备。

2. 块设备

块设备是一种具有一定结构的随机存取设备，对这种设备的读写是按固定大小（如512字节）的数据块进行的，它使用缓冲区来存放暂时的数据，待条件成熟后，从缓存一次性写入设备或从设备中一次性读出放入到缓冲区。块设备通常都是以安装文件系统的方式使用的——这也是块设备一般的访问方式。如硬盘、磁盘、U盘和SD卡等存储设备都属于块设备。

3. 网络设备

网络设备用于管理系统中的（物理或虚拟）网卡，处理网口上网络数据的收发，并提供协议栈和特定网卡之间关联的统一接口。和字符设备/块设备不同的是，网络设备在/dev下面不会有对应的设备文件，而是通过net_device结构来定义网卡提供的服务并可供用户程序读取和配置（如配置IP地址等）。和字符设备类似，网络设备不会关联到实际的存储介质或特定文件系统上。

在Linux中，对设备的操作其实就是对设备文件的操作。设备文件通常位于/dev目录下，使用下面的命令可以查看设备文件的相关信息。

```
$ ls -l /dev
```

```
总用量 0
brw-rw----   1 root disk      8,   0  3月 24 20:20 sda
brw-rw----   1 root disk      8,   1  3月 24 20:20 sda1
brw-rw----   1 root disk      8,   2  3月 24 20:20 sda2
…
crw-rw-rw-   1 root tty       5,   0  3月 24 20:20 tty
crw--w----    1 root tty      4,   0  3月 24 20:20 tty0
```

在上面的信息中，第一列中的字母“b”表示该设备为块设备，“c”表示该设备为字符设备。例如，sda、sda1、sda2就是块设备，而tty、tty0就是字符设备。设备文件和普通文件有很多相似之处，都有相应的权限（rw-rw----）、所属的用户和组、修改时间和名字。但设备文件比普通文件中多出了两个数字（例如sda中的8、0。tty0中的4、0），这两个数字分别是该设备的主设备号和次设备号。每一个设备都有一个设备号，使用32位整数来表示。其中高12位表示主设备号，低20位表示次设备号。通常内核用主设备号来表示一类设备，次设备号则用于区分同一类设备中的不同个体。

在Linux系统中，设备文件通常是自动创建的。也可以通过mknod命令来手动创建一个设备文件。创建方法如下：

```
mknod  /dev/name  type  major minor
```

其中，name是设备文件名；type是设备类型；mjor是主设备号；minor是次设备号。

例如，创建一个字符设备文件，要求设备名为chr0，主设备号为250，次设备号为1，则手动创建设备文件命令如下：

```
$ sudo mknod /dev/chr0  c 250 1
```

mknod（make node）就是创建节点的意思，因而设备文件有时又称为设备节点。设备节点是Linux内核对设备的抽象，是连接内核与用户层的枢纽。当创建一个设备节点时需要指定主设备号和次设备号，而主设备号标识设备对应的驱动程序，次设备号由内核使用，用于确定设备节点所指设备。这样当应用程序访问设备节点时，系统就知道它所访问的驱动程序，也就可以根据次设备号知道所要访问的具体设备。

6.2 字符设备驱动编程

驱动是添加到操作系统中的特殊程序，是软件和硬件之间的桥梁。驱动与硬件设备进行通信和协调，使操作系统能够正确地与各种硬件设备进行交互。驱动程序充当操作系统和硬件之间的中间层，提供了一种标准化的接口，使操作系统可以了解和控制硬件设备的功能和特性。

Linux下的大部分驱动，是以模块形式进行编写的。这些驱动源码可以修改到内核中，也可以将它们编译成模块形式，在需要时动态加载。

假如有一个LED设备，在文件系统中表现为一个设备节点/dev/led，应用层通过open、read、write等系统调用来控制LED灯。如果想让LED灯亮，就打开设备文件，并写入1。其代码如下：

```
int fd;
int val=1;
fd=open("/dev/led", O_RDWR);
write(fd, &val, sizeof(val));
```

为什么这样就可以使LED点亮呢？要想让LED点亮，必须操作硬件，操作硬件这部分工作

就是LED的驱动程序所完成的。

最简单的方式就是，应用层对led进行open操作，对应led驱动程序中的led_open。应用层对led进行write操作，对应led驱动程序的led_write操作，然后在led_write中去控制硬件，进而控制led。

要对led设备节点进行open、write系统调用，怎样才能调用到驱动程序的led_open、led_read、led_write呢？实际上，当应用层调用open、read、write等操作时，会引发一个异常，导致系统陷入内核态，然后再去执行相应的系统调用sys_open、sys_read、sys_write等。这些系统调用会通过设备号找到相应的驱动程序，然后再调用驱动程序的led_open、led_read、led_write去操作硬件。

上述过程可用图6.1表示。

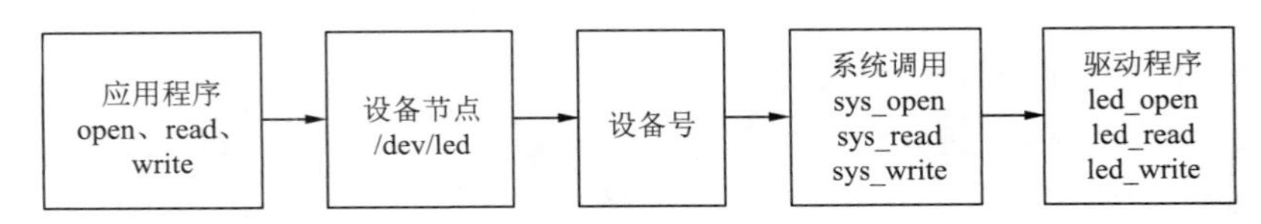

图 6.1　应用程序调用 led 驱动示意图

从图6.1可以看出，字符设备驱动必须包含如下三个要素：

① 必须有一个设备号，用于从众多设备驱动中找到所需设备的驱动。

② 必须有一个与设备驱动对应的设备节点（设备文件）。

③ 在驱动要有与应用程序对应的接口函数。

6.2.1　字符设备驱动实例

1. 申请设备号

设备号的申请分为静态申请和动态申请。

① 静态申请：需要手动指定设备号，不可与系统中已经使用的设备号重复。使用cat /proc/devices命令可查看当前系统中所有已经使用了的设备号。

② 动态申请：在字符设备注册时申请一个设备号，系统会自动分配一个没有被使用的设备号，但是在系统卸载时需要释放这个设备号。

设备号申请注册函数如下：

```
int register_chrdev(unsigned int major, const char * name, const struct file_operations * fops)
```

参数major是主设备号，name是设备名称，fops是指向file_operations的结构体指针，驱动程序的入口函数都包括在这个结构体内部。该函数的返回值如果小于0，表示注册设备驱动失败；如果设置major为0，表示由内核动态分配主设备号，函数的返回值是主设备号。major不为0，则表示静态申请主设备号，此时返回值为0，表示设备号申请成功。

注销设备号函数如下：

```
void unregister_chrdev(unsigned int major, const char * name)
```

major是主设备号，name是设备名称。

2. 创建设备节点

设备节点的创建有两种方式：

（1）手动创建

使用mknod命令可手动创建设备节点。

（2）自动创建

在驱动模块加载时，可以自动创建设备节点。自动创建设备节点要用到下面两个函数：

```
struct class *class_create(owner, name)
```

class_creat：创建一个类。其中owner是所属的模块对象指针，一般为THIS_MODULE；name是类的名字；函数返回值为struct class的结构体指针。

```
    struct device *device_create(struct class * class, struct device * parent,
dev_t devt, void * drvdata, const char * fmt,...)
```

device_create：在类class下创建设备。parent是父设备，如果没有父设备则为NULL（注意大写）。devt是设备的主次设备号。drvdata是驱动数据，没有则为NULL。fmt是格式化字符串，使用方法类似于printk。

上述两个函数对应的销毁函数分别是：

```
void class_destroy(struct class * cls)
void device_destroy(struct class *class,dev_t devt)
```

3. 驱动接口函数

内核空间的驱动模块最终是要给用户空间的应用程序提供接口的。在设备驱动中，各种接口函数的入口点函数，放在设备驱动的file_operations这个结构体当中。在内核中，file_operations这个结构体对象的原型如下：

```
    struct file_operations{
        struct module *owner;
        loff_t (*llseek) (struct file *, loff_t, int);
        ssize_t (*read) (struct file *, char __user *, size_t, loff_t *);
        ssize_t (*write) (struct file *, const char __user *, size_t, loff_t *);
        ssize_t (*aio_read) (struct kiocb *, const struct iovec *, unsigned
long, loff_t);
        ssize_t (*aio_write) (struct kiocb *, const struct iovec *, unsigned
long, loff_t);
        int (*iterate) (struct file *, struct dir_context *);
        unsigned int (*poll) (struct file *, struct poll_table_struct *);
        long (*unlocked_ioctl) (struct file *, unsigned int, unsigned long);
        long (*compat_ioctl) (struct file *, unsigned int, unsigned long);
        int (*mmap) (struct file *, struct vm_area_struct *);
        int (*open) (struct inode *, struct file *);
        int (*flush) (struct file *, fl_owner_t id);
        int (*release) (struct inode *, struct file *);
        int (*fsync) (struct file *, loff_t, loff_t, int datasync);
        int (*aio_fsync) (struct kiocb *, int datasync);
        int (*fasync) (int, struct file *, int);
        int (*lock) (struct file *, int, struct file_lock *);
        ssize_t (*sendpage) (struct file *, struct page *, int, size_t, loff_t *, int);
        unsigned long (*get_unmapped_area)(struct file *, unsigned long,
unsigned long, unsigned long, unsigned long);
        int (*check_flags)(int);
        int (*flock) (struct file *, int, struct file_lock *);
        ssize_t (*splice_write)(struct pipe_inode_info *, struct file *, loff_
t *, size_t, unsigned int);
```

```
    ssize_t (*splice_read)(struct file *, loff_t *, struct pipe_inode_info
*, size_t, unsigned int);
    int (*setlease)(struct file *, long, struct file_lock **);
    long (*fallocate)(struct file *file, int mode, loff_t offset, loff_t len);
    int (*show_fdinfo)(struct seq_file *m, struct file *f);
};
```

file_operations是整个Linux内核的重要数据结构，其中的常用成员说明见表6.1。

表 6.1　file_operations 常用成员

成　员	功　能
open	打开设备
release	关闭设备并释放资源
read	从设备中读取数据
write	向设备写入数据
unlocked_ioctl	控制设备。除读/写操作外的其他控制命令
poll	设备驱动中的轮询函数，返回设备资源的可获取状态
fasync	实现内存与设备之间的异步通信

struct file_operations结构体是函数指针的集合。需要调用哪个函数，就将该函数赋予file_operations相应的成员。方法如下：

```
const struct file_operations my_fops={
    .open=chr_drv_open,
    .read=chr_drv_read,
    .write=chr_drv_write,
    .release=chr_drv_close,
};
```

【例6.1】字符设备驱动实例。

```
    /*  chr_drv.c  */
1   #include <linux/init.h>
2   #include <linux/module.h>
3   #include <linux/kernel.h>
4   #include <linux/fs.h>
5   #include <linux/device.h>
6
7   #define DEVICE_MAJOR 250                //静态申请所使用的主设备号
8   #define DEVICE_MINOR 0
9
10  struct class *mycls;
11  struct device *mydev;
12
13  //实现相应的接口函数
14  int chr_drv_open(struct inode *fnod, struct file *filp)
15  {
16      printk("------------%s------------\n",__FUNCTION__);
17      return 0;
18  }
19
20  ssize_t chr_drv_read(struct file *filp, char *buff, size_t count, loff_t *offp)
```

```
21    {
22        printk("------------%s------------\n",__FUNCTION__);
23        return 0;
24    }
25    ssize_t chr_drv_write(struct file *filp, const char *buff, size_t count, loff_t *offp)
26    {
27        printk("------------%s------------\n",__FUNCTION__);
28        return 0;
29    }
30
31    int chr_drv_close(struct inode *fnod, struct file *filp)
32    {
33        printk("------------%s------------\n",__FUNCTION__);
34        return 0;
35    }
36
37    //给file_operation结构体成员赋值，注意用逗号分隔，而不是分号
38    struct file_operations my_ops={
39        .open=chr_drv_open,
40        .read=chr_drv_read,
41        .write=chr_drv_write,
42        .release=chr_drv_close,
43    };
44
45    //向系统申请资源：包括设备号，创建设备节点，虚拟地址等
46    static int __init chr_dev_init(void)
47    {
48        int ret;
49        ret=register_chrdev(DEVICE_MAJOR,"mydevice",&my_ops);
                                                      //向系统申请主设备号
50        if(ret>=0)                                  //申请成功
51        {
52            printk("regist ok!\n");
53        }
54        else                                        //申请失败
55        {
56            printk("regeist failed!\n");
57            return -EINVAL;                         //返回错误码
58        }
59        mycls=class_create(THIS_MODULE, "chr_cls");  //首先创建了一个类
60        mydev=device_create(mycls, NULL,MKDEV(DEVICE_MAJOR, DEVICE_MINOR),
          NULL,"mydev");
61        //创建一个设备节点/dev/mydev
62        return ret;
63    }
64    //卸载的时候要释放资源
65    static void __exit chr_dev_exit(void)
66    {
67        device_destroy(mycls, MKDEV(DEVICE_MAJOR, DEVICE_MINOR)); //销毁设备
68        class_destroy(mycls);                                     //销毁类
69        unregister_chrdev(DEVICE_MAJOR,"mydevice");               //注销设备号
```

```
70    }
71    module_init(chr_dev_init);
72    module_exit(chr_dev_exit);
73    MODULE_LICENSE("GPL");
```

在第7行和第8行定义了两个宏，分别表示设备的主设备号和次设备号。第14～35行实现了字符设备的四个接口函数，并将其赋予struct file_operation结构体中的相应成员。第49行是向内核静态申请设备号。第59行和第60行代码，在/dev目录下自动创建了mydev的设备节点。

宏MKDEV(DEVICE_MAJOR、DEVICE_MINOR)可将主设备号和次设备号合并成为一个设备号。在Linux3.14.25版本的内核源码中，相关的宏定义如下：

```
#define MINORBITS 20
#define MINORMASK ((1U << MINORBITS) - 1)

#define MAJOR(dev)        ((unsigned int) ((dev) >> MINORBITS))
#define MINOR(dev)        ((unsigned int) ((dev) & MINORMASK))
#define MKDEV(ma,mi)      (((ma) << MINORBITS) | (mi))
```

4. 字符设备驱动加载

使用前面的Makefile模版，编译上述字符设备驱动，得到chr_drv.ko的文件，使用insmod命令加载该模块，并查看打印信息。

```
$ sudo insmod chr_drv.ko
$ dmesg
[265.002075] regist ok!
```

查看内核分配的主设备号：

```
$ cat /proc/devices
250  mydevice
```

查看设备节点信息：

```
ls -l /dev/mydev
crw------- 1 root root 250, 0  3月 28 19:50 /dev/mydev
```

由此可见，当驱动加载完成后，自动创建了/dev/mydev的设备节点。

6.2.2　测试字符设备驱动

为了测试编写的字符设备能否正常工作，可以编写一个应用测试程序如下：

【例6.2】应用测试程序。

```
    /*  app.c  */
1   #include <stdio.h>
2   #include <string.h>
3   #include <stdlib.h>
4   #include <sys/types.h>              //头文件的查看可用 man 2 open 命令查看
5   #include <sys/stat.h>               //open 所需的头文件
6   #include <fcntl.h>
7   #include <unistd.h>
8
9   int main(int argc,char *argv[]){
10      int fd;
11      int value=0;
```

```
12        fd=open("/dev/mydev",O_RDWR);              //打开设备
13        if(fd<0){
14            perror("open error");
15            exit(1);
16        }
17        read(fd,&value,4);                         //读取设备的值
18        write(fd,&value,4);                        //向设备写入值
19        close(fd);                                 //关闭设备
20        return 0;
21    }
```

应用程序首先用open()函数打开设备文件，然后使用read()函数从设备驱动中读取数据，再调用write()函数向设备驱动写入数据，最后调用close()函数关闭设备文件。应用程序中的上述四个函数会分别调用chr_drv驱动中的四个接口函数，从而实现对设备的相应操作。

gcc编译应用程序app.c，并执行。命令及显示信息如下：

```
$ gcc app.c -o app
$ sudo ./app
$ dmesg
[3498.300152] ------------chr_drv_open------------
[ 3498.300162] ------------chr_drv_read------------
[ 3498.300166] ------------chr_drv_write------------
[ 3498.300170] ------------chr_drv_close------------
```

6.2.3 设备读/写操作

在Linux操作系统中，用户空间和内核空间是相互独立的。也就是说，内核空间是不能直接访问用户空间内存地址的，同理用户空间也不能直接访问内核空间内存地址。因此，应用程序读/写内核模块就要用到copy_from_user()和copy_to_user()这两个函数。这两个函数一般用于系统调用中，前者将用户空间参数复制到内核，后者将系统调用的结果返回到用户空间。这两个函数的原型如下：

```
    unsigned long copy_from_user(void * to, const void __user volatile
*from,unsigned long n)
    unsigned long copy_to_user(void __user * to, const void * from, unsigned
long n)
```

其中，to是内核空间中的目的地址，from是用户空间的源地址，n是期望复制的字节数。这两个函数都返回未复制成功的字节数。也就是说，如果全部复制成功，则函数返回0。

理论上，内核空间可以直接使用用户空间传过来的指针，即使要做数据复制的动作，也可以直接使用memcpy。事实上，在没有MMU的体系结构上，copy_form_user()和copy_to_user()最终的实现就是利用了memcpy。但对于大多数有MMU的平台，情况就有了一些变化：用户空间传过来的指针是在虚拟地址空间上的，它指向的虚拟地址空间很可能还没有真正映射到实际的物理页面上，因此要对用户空间进行必要的检查。上述两个函数调用了access_of来验证用户空间的内存是否真实可读/写，从而避免了在内核中的缺页故障带来的一些问题。

改进后的chr_drv.c代码（这里仅列出修改过的代码）见例6.3。

【例6.3】字符设备驱动——读/写数据。

```
    /*  chr_drv.c  */
…
```

```
6    #include <asm/uaccess.h>      // copy_to_user()及copy_from_user()头文件
…
9    int kernel_value=555;         //定义在内核空间的一个整型变量
…
17   ssize_t char_read(struct file *filp, char *buff, size_t count, loff_t *offp)
18   {
19       int ret;
20       printk("the kernel value is %d\n",kernel_value);
21       ret=copy_to_user(buff, &kernel_value, count);
22       return ret;
23   }
24
25   ssize_t char_write(struct file *filp, const char *buff, size_t count, loff_t *offp)
26   {
27       int ret;
28       ret=copy_from_user(&kernel_value,buff,count);
29       printk("kernel_value after write is %d\n",kernel_value);
30       return ret;
31   }
```

应用测试程序app.c代码如下：

```
     /*  app.c  */
1    #include <stdio.h>
2    #include <string.h>
3    #include <stdlib.h>
4    #include <sys/types.h>               //头文件的查看可用 man 2 open 命令查看
5    #include <sys/stat.h>                //open所需的头文件
6    #include <fcntl.h>
7    #include <unistd.h>
8
9    int main(int argc,char *argv[]){
10       int fd;
11       int value=0;
12       fd=open("/dev/mydev",O_RDWR);    //打开设备
13       if(fd<0){
14           perror("open error");
15           exit(1);
16       }
17       read(fd,&value,4);               //读取设备的值
18       printf("value after read is %d\n",value);
19       value=777;
20       write(fd,&value,4);              //向设备写入值
21       close(fd);                       //关闭设备
22       return 0;
23   }
```

将字符设备驱动和应用程序编译后，测试过程和结果如下：

```
$ sudo insmod chr_drv.ko
$ dmesg | tail -n 5
[  621.649873] regist ok!
$ sudo ./app
```

```
value after read is 555
$ dmesg | tail -n 5
[  730.782274] ------------chr_drv_open------------
[  730.782283] the kernel_value is 555
[  730.782384] kernel_value after write is 777
[  730.782389] ------------chr_drv_close------------
```

从上面的测试结果可以看出，内核空间的变量值kernel_value的确被应用程序读出（555），然后又被应用程序写入了一个新值（777）到内核空间的kernel_value变量中。

6.2.4 I/O内存

几乎每一种外设都是通过读/写设备上的寄存器来进行的，通常包括控制寄存器、状态寄存器和数据寄存器三大类，外设的寄存器通常被连续地编址。根据CPU体系结构的不同，CPU对I/O端口的编址方式有两种：

1. I/O映射方式（I/O-mapped）

典型的，如x86处理器为外设专门实现了一个单独的地址空间，称为“I/O地址空间”或者“I/O端口空间”，CPU通过专门的I/O指令（如x86的IN和OUT指令）来访问这一空间中的地址单元。

2. 内存映射方式（memory-mapped）

RISC指令系统的CPU（如ARM、PowerPC等）通常只实现一个物理地址空间，外设I/O端口成为内存的一部分。此时，CPU可以像访问一个内存单元那样访问外设I/O端口，而不需要设立专门的外设I/O指令。

驱动开发人员可以将内存映射方式的I/O端口和外设内存统一看作“I/O内存”资源。一般来说，在系统运行时，外设的I/O内存资源的物理地址是已知的，由硬件的设计决定。但是，CPU通常并没有为这些已知的外设I/O内存资源的物理地址预定义虚拟地址范围。而在内核中应该使用虚拟地址，而不是物理地址，因此对这部分内存的访问必须要经过映射才行。对于这部分内存的访问，内核提供了一组API，主要有：

```
void __iomem *ioremap(unsigned long offset, unsigned long size)
void iounmap(void __iomem *addr)
u32 readl(const volatile void __iomem *addr)
void writel(unsigned long value , const volatile void __iomem *add)
```

① ioremap：映射从offset开始的size字节I/O内存。返回值为对应的虚拟地址，若为NULL，表示映射失败。

② iounmap：解除之前的I/O内存映射。

③ readl：从addr的I/O地址处读取4字节数据。

④ writel：向addr的I/O地址处写入4字节数据。

有了这组函数，驱动就可以操作硬件。这里仍以前面的LED D3（连接GPX2_7）为例进行说明。其驱动代码如下：

【例6.4】字符设备驱动——I/O内存。

```
    /*  led_drv.c  */
1   #include <linux/init.h>
2   #include <linux/module.h>
3   #include <linux/fs.h>
4   #include <linux/device.h>
```

```
5    #include <asm/uaccess.h>
6    #include <linux/io.h>
7
8    #define DEVICE_MAJOR 250
9    #define DEVICE_MINOR 0
10
11   #define GPX2CON 0x11000c40
12   #define SIZE 8
13
14   volatile unsigned long *gpxcon;
15   volatile unsigned long *gpxdat;
16
17   struct class *mycls;
18   struct device *mydev;
19   int kernel_value;
20
21   int chr_drv_open(struct inode *fnod, struct file *filp)
22   {
23       printk("------------%s------------\n",__FUNCTION__);
24       return 0;
25   }
26
27   ssize_t chr_drv_read(struct file *filp, char *buff, size_t count, loff_t *offp)
28   {
29       int ret;
30       printk("the kernel_value is %d\n",kernel_value);
31       ret=copy_to_user(buff,&kernel_value,count);
32       return ret;
33   }
34   ssize_t chr_drv_write(struct file *filp, const char *buff, size_t count, loff_t *offp)
35   {
36       int ret;
37       ret=copy_from_user(&kernel_value,buff,count);
38       if(kernel_value)
39       {
40           writel(readl(gpxdat)|(0x1<<1*7),gpxdat);
41       }
42       else
43       {
44           writel(readl(gpxdat)&(~(0x1<<1*7)),gpxdat);
45       }
46       return ret;
47   }
48
49   int chr_drv_close(struct inode *fnod, struct file *filp)
50   {
51       printk("------------%s------------\n",__FUNCTION__);
52       return 0;
53   }
54
55   struct file_operations my_ops={
```

```
56        .open=chr_drv_open,
57        .read=chr_drv_read,
58        .write=chr_drv_write,
59        .release=chr_drv_close,
60    };
61
62    static int __init chr_dev_init(void)
63    {
64        int ret;
65        ret=register_chrdev(DEVICE_MAJOR,"mydevice",&my_ops);
66        if(ret>=0)
67        {
68            printk("regist ok!\n");
69        }
70        else
71        {
72            printk("regeist failed!\n");
73            return -EINVAL;
74        }
75        mycls=class_create(THIS_MODULE, "chr_cls");
76        mydev=device_create(mycls, NULL,MKDEV(DEVICE_MAJOR, DEVICE_MINOR),
          NULL,"mydev");
77        gpxcon=ioremap(GPX2CON,SIZE);
78        gpxdat=gpxcon+1;
79        writel(readl(gpxcon)&(~(0xff<<4*7))|(0x1<<4*7),gpxcon);
80        return 0;
81    }
82
83    static void __exit chr_dev_exit(void)
84    {
85        iounmap(gpxcon);
86        device_destroy(mycls, MKDEV(DEVICE_MAJOR, DEVICE_MINOR));
87        class_destroy(mycls);
88        unregister_chrdev(DEVICE_MAJOR,"mydevice");
89    }
90    module_init(chr_dev_init);
91    module_exit(chr_dev_exit);
92    MODULE_LICENSE("GPL");
```

应用程序代码如下：

```
      /*  led_test.c  */
1     #include <stdio.h>
2     #include <string.h>
3     #include <stdlib.h>
4     #include <sys/types.h>
5     #include <sys/stat.h>
6     #include <fcntl.h>
7     #include <unistd.h>
8
9     int main(int argc, char *argv[])
10    {
```

```
11  int fd;
12  int value=0;
13  fd=open("/dev/mydev", O_RDWR);
14  if(fd < 0)
15  {
16      perror("open");
17      exit(1);
18  }
19  while(1)
20  {
21      value=0;
22      write(fd, &value, 4);
23      sleep(1);
24      value=1;
25      write(fd, &value, 4);
26      sleep(1);
27  }
28  close(fd);
29  return 0;
30  }
```

在驱动代码的第77、78行，将GPX2CON和GPX2DAT两个寄存器的物理地址（详细说明参见4.1.2节）映射为8个字节的虚拟地址。第79行是将GPX2_7端口设置为输出状态。第37行是将应用程序写入的数据复制到kernel_value整型变量中。第38～45行是对接收数据的整型变量kernel_value进行判断，若kernel_value的值非0，则点亮LED D3灯，若为0，则LED D3灯熄灭。

上述代码测试过程和结果如下：

```
$ make ARCH=arm
$ arm-none-linux-gnueabi-gcc led_test.c -o led_test
$ cp led_test led_drv.ko /source/rootfs/
```

启动FS4412实验箱，然后运行如下命令：

```
# insmod  led_drv.ko
# ./led_test
```

观察实验箱，可以看到LED D3有规律地闪烁。

6.3 ioctl

一个设备除了能通过读/写操作来收发数据或返回、保存数据，还应该有很多其他的操作。例如一个串口设备还应该具备波特率获取和设置、帧格式获取和设置的操作；一个LED设备甚至不应该具有读/写操作，而应该具备点灯和灭灯的操作。硬件设备如此众多，各种操作也纷繁复杂，所以内核将读/写之外的其他I/O操作都委托给了另外一个函数接口——ioctl。

查看前面file_operation结构定义，可以看到和ioctl系统调用对应的驱动接口函数有两个：

```
long (*unlocked_ioctl) (struct file *, unsigned int, unsigned long)
long (*compat_ioctl) (struct file *, unsigned int, unsigned long)
```

compat_ioctl是为了处理32位程序和64位内核兼容的一个函数接口，和体系结构有关。而unlocked_ioctl则是在无大内核锁（BLK，一种全局的粗粒度锁）情况下的调用。

在字符设备驱动开发中，一般情况下只要实现unlocked_ioctl()函数即可，因为在vfs层的代码是直接调用unlocked_ioctl()函数。

查看用户空间里ioctl的函数原型如下：

```
$ man 2 ioctl
#include <sys/ioctl.h>
int ioctl(int d, int request, ...);
```

其中，d是要操作文件的文件描述符；request是代表不同操作的一个数字值，更确切地说是命令（cmd），它是用户与驱动之间的一种“协议”。理论上cmd可以为任意int型数据，可以为0、1、2、3……但是为了确保该“协议”的唯一性，ioctl命令应该使用更科学严谨的方法赋值。

而陷入内核之后，ioctl的函数原型为：

```
long (*unlocked_ioctl) (struct file *, unsigned int, unsigned long)
```

在Linux中，提供了一种ioctl命令的统一格式。将32位int型数据划分为四个位段，见表6.2。

表6.2　cmd命令组成

位	含　义	说　明
[31:30]	方向（dir）	表示数据的传输方向。可能的值是：_IOC_NONE、_IOC_READ、_IOC_WRITE和_IOC_READ|_IOC_WRITE，分别表示无数据、读数据、写数据和读/写数据
[29:16]	数据尺寸（size）	涉及ioctl函数的第三个参arg，占据13位或者14位（体系相关，arm架构一般为14位），指定了arg的数据类型及长度。如果在驱动的ioct实现中不检查，通常可忽略该参数
[15:8]	设备类型（type）	也称“幻数”或者“魔数”，可以为任意char型字符，例如'a'、'b'、'c'等，其主要作用是使ioctl命令有唯一的设备标识
[7:0]	序号（nr）	可以为任意unsigned char型数据，取值范围0～255。如果定义了多个ioctl命令，通常从0开始编号递增

内核提供了一组宏来定义命令。

```
_IO(type,nr)                                          //没有参数的命令
_IOR(type,nr,size)                                    //该命令是从驱动读取数据
_IOW(type,nr,size)                                    //该命令是向驱动写入数据
_IOWR(type,nr,size)                                   //双向数据传输
```

上面的宏已经定义了方向，我们要传的是幻数（type）、序号（nr）和大小（size）。szie的参数只需要填参数的类型（如int），上面的命令就会自动检测类型是否正确，然后赋值sizeof(int)。

提取命令中的字段信息，可以使用下面的宏。

```
_IOC_DIR(cmd)                                         //从命令中提取方向
_IOC_TYPE(cmd)                                        //从命令中提取幻数
_IOC_NR(cmd)                                          //从命令中提取序数
_IOC_SIZE(cmd)                                        //从命令中提取数据大小
```

【例6.5】字符设备驱动——ioctl。

```
    /*  command.h  */
1   #ifndef INCLUDE_COMMAND_H
2   #define INCLUDE_COMMAND_H
3
4   #define LED_MAGIC 'k'                             //幻数
```

```
5
6   //定义命令
7   #define LED_ON   _IO(LED_MAGIC,0x1a)
8   #define LED_OFF  _IO(LED_MAGIC,0x1b)
9
10  #endif
```

```
    /*  led_drv_ioctl.c  */
1   #include <linux/init.h>
2   #include <linux/module.h>
3   #include <linux/fs.h>
4   #include <linux/device.h>
5   #include <asm/uaccess.h>
6   #include <linux/io.h>
7
8   #include "command.h"
9
10  #define DEVICE_MAJOR 250
11  #define DEVICE_MINOR 0
12
13  #define GPX2CON 0x11000c40
14  #define SIZE 8
15
16  volatile unsigned long *gpxcon;
17  volatile unsigned long *gpxdat;
18
19  struct class *mycls;
20  struct device *mydev;
21
22  int led_drv_open(struct inode *fnod, struct file *filp)
23  {
24      printk("------------%s------------\n",__FUNCTION__);
25      return 0;
26  }
27
28  int led_drv_close(struct inode *fnod, struct file *filp)
29  {
30      printk("------------%s------------\n",__FUNCTION__);
31      return 0;
32  }
33
34  long led_ioctl (struct file *filp, unsigned int cmd, unsigned long arg)
35  {
36      if(_IOC_TYPE(cmd)!='k')
37      return -ENOTTY;
38      switch(cmd)
39      {
40          case LED_ON:writel(readl(gpxdat)|(0x1<<1*7),gpxdat);break;
41          case LED_OFF:writel(readl(gpxdat)&(~(0x1<<1*7)),gpxdat);break;
42          default:return -EFAULT;
43      }
```

```
44          return 0;
45      }
46
47      struct file_operations my_ops={
48          .open=led_drv_open,
49          .release=led_drv_close,
50          .unlocked_ioctl=led_ioctl,
51      };
52
53      static int __init led_dev_init(void)
54      {
55          int ret;
56          ret=register_chrdev(DEVICE_MAJOR,"mydevice",&my_ops);
57          if(ret>=0)
58          {
59              printk("regist ok!\n");
60          }
61          else
62          {
63              printk("regeist failed!\n");
64              return -EINVAL;
65      }
66
67          mycls=class_create(THIS_MODULE, "chr_cls");
68          mydev=device_create(mycls, NULL,MKDEV(DEVICE_MAJOR, DEVICE_MINOR),
            NULL,"mydev");
69          gpxcon=ioremap(GPX2CON,SIZE);
70          gpxdat=gpxcon+1;
71          writel(readl(gpxcon)&(~(0xff<<4*7))|(0x1<<4*7),gpxcon);
72          return 0;
73      }
74
75      static void __exit led_dev_exit(void)
76      {
77          iounmap(gpxcon);
78          device_destroy(mycls, MKDEV(DEVICE_MAJOR, DEVICE_MINOR));
79          class_destroy(mycls);
80          unregister_chrdev(DEVICE_MAJOR,"mydevice");
81      }
82
83      module_init(led_dev_init);
84      module_exit(led_dev_exit);
85      MODULE_LICENSE("GPL");
```

对应的应用测试程序代码如下：

```
        /*  led_ioctl_test.c  */
1       #include <stdio.h>
2       #include <fcntl.h>
3       #include <stdlib.h>
4       #include <string.h>
5       #include <sys/types.h>
```

```
6    #include <sys/stat.h>
7    #include <unistd.h>
8    #include <sys/ioctl.h>
9    #include "command.h"
10
11   int main(int argc, char *argv[])
12   {
13       int fd,ret;
14       fd=open("/dev/mydev",O_RDWR);
15       if (fd ==-1)
16       {
17           perror("open");
18           exit(0);
19       }
20       while(1)
21       {
22           ioctl(fd,LED_ON);
23           sleep(1);
24           ioctl(fd,LED_OFF);
25           sleep(1);
26       }
27       close(fd);
28       return 0;
29   }
```

上述代码在command.h中定义了LED_ON和LED_OFF两个命令。在led_drv_ioctl.c的第34～45行实现了该驱动模块的ioctl接口函数。在该函数中，使用switch分支语句，对应用程序传来的参数cmd进行判断。如果为LED_ON，则LED D3亮；如果为LED_OFF，则LED D3灭。

上述代码测试过程和结果如下：

```
$ make ARCH=arm
$ arm-none-linux-gnueabi-gcc led_ioctl_test.c -o led_ioctl_test
$ cp led_ioctl_test led_drv_ioctl.ko /source/rootfs/
```

启动FS4412实验箱，然后运行如下命令：

```
# insmod led_drv_ioctl.ko
# ./led_ioctl_test
```

观察实验箱，可以看到LED D3有规律地闪烁。

实验5　根文件系统制作

【实验目的】

① 熟悉Linux文件系统目录结构。

② 了解根文件系统制作过程。

【根文件系统知识】

尽管内核是Linux的核心，但文件却是用户与操作系统交互所采用的主要工具。文件是计算机系统的软件资源，操作系统本身和大量的

根文件系统制作

用户程序、数据都是以文件形式组织和存放的，对这些资源的有效管理和充分利用是操作系统的重要任务之一。

文件系统在任何操作系统中都是非常重要的概念，简单地讲，文件系统是操作系统用于明确磁盘或分区上文件的组织和访问的方法。文件系统的存在，使得数据可以被有效而透明地存取访问。

根文件系统是内核启动时所挂载（mount）的第一个文件系统，系统引导启动程序在根文件系统挂载之后，把一些初始化脚本（如inittab、rcS）和服务加载到内存中运行。根文件系统包括Linux启动时所必需的目录和关键性的文件，如Linux启动时都需要有init目录下的相关文件，在Linux挂载分区时的/etc/fstab挂载配置文件等。根文件系统中还包括应用程序（如ls、mkdir、rm、ifconfig等命令）和GNU C库（glibc、eglibc或uclibc）等。

Linux启动时，首先挂载的一定是根文件系统；若系统不能从指定设备上挂载根文件系统，系统会出错而退出启动。系统启动成功之后可以自动或手动挂载其他的文件系统。因此，一个系统中可以同时存在不同的文件系统。

Linux根文件系统主要目录见表6.3，所以在制作时也要添加这些目录。

表6.3　根文件系统主要目录

目　录	内　容
/bin	必备的用户命令，如ls、cp等
/dev	设备节点文件
/etc	系统配置文件和初始化执行文件
/lib	必要的链接库，如C库和内核模块（modules）
/mnt	文件系统挂载点，用于临时挂载文件系统用
/proc	用来提供内核与进程信息的虚拟文件系统，由内核自动生成目录下的内容
/sbin	必备的系统管理员命令，如ifconfig、reboot等
/tmp	临时目录。系统存放临时文件的目录
/usr	更多的用户程序
/sys	虚拟文件系统sysnfs挂载点
/var	可变信息存储，如log等

Linux最重要的特征之一就是支持多种文件系统，在嵌入式Linux应用中，主要的存储设备为RAM（DRAM、SDRAM）和ROM（常采用Flash存储器）。根据存储设备的不同，可以将嵌入式文件系统划分为三大类：基于Flash的文件系统、基于内存的文件系统、基于网络的文件系统。

Flash主要有NOR Flash和NAND Flash两种技术，比较常用的文件系统有jffs2、yaffs2、cramfs、romfs。基于RAM的文件系统有Ramdisk、Ramfs/Tmpfs。而基于网络的文件系统则是NFS。NFS是由Sun公司（已于2009年被Orade公司收购）开发并发展起来的一项在不同机器、不同操作系统之间通过网络共享文件的技术。在嵌入式Linux系统的开发调试阶段，可以利用该技术在主机上建立基于NFS的根文件系统，挂载到嵌入式设备，可以很方便地修改根文件系统的内容。

【实验步骤】

① 解压busybox工具软件，并进入解压后的busybox目录。

```
$ tar  xvf  busybox-1.22.1.tar.bz2
$ cd  busybox-1.22.1
```

busybox好像是个大工具箱，它集成压缩了Linux的许多工具和命令，也包含了Linux系统的自带shell。

② 配置busybox工具。

```
$ make menuconfig
```

打开的busybox的Configuration窗口如图6.2所示。

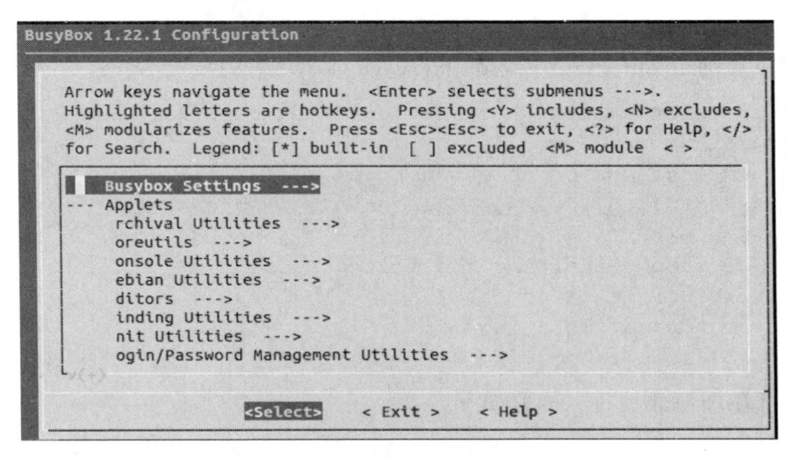

图6.2　busybox的Configuration窗口

配置busybox如下：

```
Busybox Settings --->
Build Options --->
    [*] Build BusyBox as a static binary (no shared libs)
    (arm-none-linux-gnueabi-) Cross Compiler prefix
                                          //注意一定要指定交叉编译工具
```

③ 编译busybox。

```
$ make
```

④ 安装编译好的文件。

```
$ make  install                                 //安装（默认安装路径为 _install）
```

⑤ 进入安装目录，并查看目录。

```
$ cd _install
$ ls
    bin  linuxrc  sbin  usr
```

⑥ 创建其他所需目录。

```
$ mkdir  dev  etc  mnt  proc  var  tmp  sys  root          //创建需要的目录
```

⑦ 添加库文件。将交叉编译工具链中的库文件赋值到_install目录下的lib子目录下。

```
$ cp /usr/local/toolchain/toolchain-4.6.4/arm-arm1176jzfssf-linux-gnueabi/
lib/ . -a
```

⑧ 删除静态库和共享库中的符号表。

```
$ sudo  rm  lib/*.a
```

⑨ 裁剪掉调试信息。

```
# arm-none-linux-gnueabi-strip lib/*.so    //有些库是不能被裁剪的，可忽略掉
```

⑩ 查看lib目录的大小，若超过4 MB，删除不需要的库。

```
$ du  -mh  lib
$ sudo  rm  lib/libstdc++*    //删除不需要的库，确保所有库大小不超过 4 MB
```

⑪ 添加系统启动文件。

在etc目录下添加inittab文件，内容如下：

```
#this is run first except when booting in single-user mode.
::sysinit:/etc/init.d/rcS
# /bin/sh invocations on selected ttys
# Start an "askfirst" shell on the console (whatever that may be)
::respawn:-/bin/sh
# Stuff to do when restarting the init process
::restart:/sbin/init
# Stuff to do before rebooting
::ctrlaltdel:/sbin/reboot
```

在etc目录下添加fstab文件，内容如下：

```
#device   mount-point    type    options     dump   fsck   order
proc      /proc          proc    defaults     0      0
tmpfs     /tmp           tmpfs   defaults     0      0
sysfs     /sys           sysfs   defaults     0      0
tmpfs     /dev           tmpfs   defaults     0      0
```

这里挂载的文件系统为proc、sysfs和tmpfs。proc和sysfs是内核默认支持的，tmpfs要在内核中配置支持。配置方法见第⑫步。

在etc目录下添加init.d目录，并在init.d下创建rcS文件。rcS文件内容如下：

```
#!/bin/sh
#This is the first script called by init process
/bin/mount -a
mkdir /dev/pts
mount -t devpts devpts /dev/pts
echo /sbin/mdev>/proc/sys/kernel/hotplug
mdev -s
```

为rcS文件添加可执行权限。

```
$ sudo chmod +x  etc/init.d/rcS
```

在etc目录下添加profile文件，内容如下：

```
#!/bin/sh
export HOSTNAME=farsight
export USER=root
export HOME=root
export PS1="[$USER@$HOSTNAME \W]\# "
PATH=/bin:/sbin:/usr/bin:/usr/sbin
LD_LIBRARY_PATH=/lib:/usr/lib:$LD_LIBRARY_PATH
export PATH LD_LIBRARY_PATH
```

⑫ 修改Linux内核配置。

```
$ cd ~/myj/linux-3.14/
$ make menuconfig
File systems--->
    Pseudo filesystems--->
         [*]Tmpfts Virtual memory file system support (former shm fs)
         [*]Tmpfs POSIX Access Control Lists
```

保存退出配置窗口，并编译内核源码。

```
$ make uImage
$ cp arch/arm/boot/uImage  /tftpboot/
```

⑬ 将制作完成的文件系统移动到/source目录下，并重命名为rootfs。

```
$ cd ../
$ mv _install /source/rootfs
```

⑭ 打开PuTTY窗口，启动实验箱。PuTTY窗口显示挂载根文件系统的信息，如图6.3所示。

```
COM6 - PuTTY
[    1.670000] dm9000 5000000.ethernet eth0: link down
[    1.710000] mmc0: new high speed SDHC card at address 619b
[    1.715000] mmcblk1: mmc0:619b SE08G 7.28 GiB
[    1.720000]  mmcblk1: p1
[    1.920000] dm9000 5000000.ethernet eth0: link up, 100Mbps, full-duplex, lpa
0xCDE1
[    1.925000] IP-Config: Guessing netmask 255.255.255.0
[    1.925000] IP-Config: Complete:
[    1.925000]      device=eth0, hwaddr=00:0a:2d:a6:55:a2, ipaddr=192.168.3.8, m
ask=255.255.255.0, gw=255.255.255.255
[    1.925000]      host=192.168.3.8, domain=, nis-domain=(none)
[    1.925000]      bootserver=255.255.255.255, rootserver=192.168.3.3, rootpath
=
[    1.935000] clk: Not disabling unused clocks
[    1.950000] usb 1-3: new high-speed USB device number 2 using exynos-ehci
[    1.980000] VFS: Mounted root (nfs filesystem) on device 0:10.
[    1.985000] devtmpfs: mounted
[    1.990000] Freeing unused kernel memory: 228K (c0530000 - c0569000)
[    2.120000] hub 1-3:1.0: USB hub found
[    2.125000] hub 1-3:1.0: 3 ports detected
[root@farsight ]# ls
bin      etc      linuxrc  proc     sbin     tmp      var
dev      lib      mnt      root     sys      usr
[root@farsight ]#
```

图6.3　挂载根文件系统信息

习　题　6

一、选择题

1. Linux系统通常将设备分为三类，不包括（　　）。

   A. 输入设备　　B. 字符设备　　C. 块设备　　D. 网络设备

2. Linux系统用（　　）字母表示字符设备。

   A. A　　B. B　　C. C　　D. D

3. 设备文件不包括（　　）信息。

A. 设备类型　　B. 主设备号　　C. 次设备号　　D. 驱动程序名称

4. 应用程序通过（　　）操作字符设备。

A. 字符设备文件　　B. 块设备文件　　C. 网络设备文件　　D. 套接字

5. 创建设备节点的命令是（　　）。

A. insmod　　B. mknod　　C. rmmod　　D. lsmod

6. Linux系统中，内核以（　　）区分设备。

A. 设备节点名　　B. 设备类名称　　C. 设备名称　　D. 设备号

7. Linux内核中，次设备号用（　　）位来表示。

A. 16　　B. 20　　C. 24　　D. 28

8. I/O地址映射函数是（　　）。

A. copy_from_user　　B. copy_to_user　　C. iounmap　　D. ioremap

9. 内核模块通过（　　）数据结构提供文件系统的入口函数。

A. file　　B. file_operations　　C. inode　　D. device_struct

10. 从应用程序接收数据到内核态的函数是（　　）。

A. copy_from_user　　B. copy_to_user　　C. iounmap　　D. ioremap

11. Linux提供了一种ioctl命令的统一格式。将32位int型数据划分为四个位段，其中（　　）段也称“魔数”或者“幻数”。

A. dir　　B. size　　C. type　　D. nr

12. 制作根文件系统所使用的工具软件是（　　）。

A. Beyond Compare　　B. sdfuse_q　　C. PuTTY　　D. busybox

13. 在Linux文件系统中，系统配置文件和初始化执行文件放在了（　　）目录下。

A. etc　　B. bin　　C. sbin　　D. dev

14. ioctl接口函数的命令不包括（　　）。

A. 幻数　　B. 权限　　C. 参数传递方向　　D. 数据大小

二、填空题

1. Linux系统的设备分为三类，分别是________、________和________。串口属于________设备。

2. 字符设备通常指像普通文件或字节流一样，以________为单位________读/写的设备。

3. 块设备是一种具有一定________的________设备，常见的块设备有________和________等。

4. 每一个设备都有一个设备号，使用________来表示。其中的________表示主设备号，________表示次设备号。

5. 创建一个块设备文件sdb，主设备号为255，次设备号为1，则命令为________。

6. 使用命令查看到有如下设备信息：brw-rw---- 1 root disk 8, 2 3月 24 20:20 sda2。则下画线部分2表示________，8表示________，b表示________。

7. 设备号的申请有两种方法，即________申请和________申请。设备节点的创建也有两种方式，即________创建和________创建。

8. 在字符设备驱动程序中，自动创建设备节点要用到以下两个函数：________和________。

9. 在Linux中，________空间和________空间是相互独立的，两者之间不能直接访问。

10. 根据CPU体系结构的不同，CPU对I/O端口的编址方式有________和________两种。

11. #define CMD1　_IO('a',0x1a)，则'a'为该命令的________，0x1a为该命令的________。

三、简答题

1. Linux操作系统中，设备分为哪几类？各有何特点？

2. 简述设备文件、驱动程序、主设备号和次设备号之间的关系。

3. 简述file_operations结构体中常用的入口点及其各自的功能。

4. copy_to_user()和copy_from_user()主要用于实现什么功能？一般用于file_operations结构的哪些函数中？

5. 简述根文件系统的作用。

6. 根据前文介绍的内容，试完成串口2驱动程序的加载函数部分，完成串口的初始化操作。

第7章 Linux设备树

前面编写的LED驱动程序，虽然都能正常工作，但还存在着一些弊端。在驱动开发中如果使用设备树进行参数配置，就无须频繁修改驱动程序的源代码，从而使驱动的应用更加广泛，更为灵活。

本章主要内容：

- 为何使用Linux设备树。
- Linux设备树基本知识。
- 基于设备树的LED驱动。

7.1 为何使用Linux设备树

在介绍Linux设备树之前，先回顾一下前面讲过的字符设备驱动，其开发过程如下：

① 实现加载函数×××_init()和卸载函数×××_exit()。

② 在模块加载函数中：

- 申请主设备号（register_chrdev）。
- 创建设备节点（class_create和device_create）。
- 硬件部分初始化：io资源映射（ioremap）、注册中断、相应寄存器的初始化。

③ 构建file_operations结构体。

④ 实现相应的接口函数，如×××_open、×××_read、××××_write等。

从字符设备驱动的开发过程中可以看出，相同的设备，其驱动代码大部分是相同或相似的，只有很少一部分代码是有差别的。而有差别的部分，只与设备的硬件连接（资源）有关。

设备树（device tree）就是使用设备树文件来描述硬件资源的数据结构。它提供了一种语言，将硬件配置从Linux内核源码中提取出来，使得目标板和设备变成数据驱动的。它们必须基于传递给内核的数据进行初始化，而不是像以前一样采用硬编码的方式。理论上，这种方式可以带来较少的代码重复率，使单个内核镜像能够支持很多硬件平台。

在没有设备树的时代，Linux源码中，充斥着大量的板级细节代码，它们一般存在于arch/arm/plat-×××和arch/arm/mach-×××中，通过硬编码的形式，耦合在内核中。这样，内核就包含了对硬件的全部描述，包括CPU的信息、硬件电路信息、板卡信息等。随着时间的推移，Linux会保存大量的此类“无用”代码，不便于维护。因为即使处理器使用相同的编译器和函数，但具体到某一种芯片，它就有自己的寄存器地址和不同的配置方式。不仅如此，每种板子都有自己的外设。结果造成内核中有大量的头文件、补丁和特殊的配置参数，它们的一种组合对应于一款芯片的一种特殊板型，这会产生大量的冗余代码。

内核使用设备树后，内核代码不再包含对硬件的描述，将其分离，并按照一定的格式将其写在dts（device tree source）文件中。本质上，设备树改变了原来用硬编码方式将硬件配置信息嵌入内核代码的方法，它通过启动引导程序（bootloader）将硬件资源传给内核，使得内核和硬件资源描述相对独立。通过设备树对硬件信息的抽象，驱动只负责处理逻辑，而关于设备的具体信息存放到设备树文件中，这样，如果只是硬件接口信息的变化而没有驱动逻辑的变化，开发者只需要修改设备树文件信息，不需要改写驱动代码。

设备树的主要优势：对于同一片上系统（system on chip，SOC）的不同主板，只需要更换设备树文件即可实现不同主板的无差异支持，而无须更换内核文件；也就解决了许多硬件的细节，可以直接通过它传递给Linux，而不再需要在内核中进行大量的冗余编码。

7.2　Linux 设备树基本知识

7.2.1　设备树基本概念

1. dts（device tree source，设备树源文件）

硬件的相应信息都会写在.dts为扩展名的文件中，每一款硬件可以单独写一份××××.dts，一般在Linux源码中存在大量的dts文件。对于arm架构，可以在arch/arm/boot/dts找到相应的dts，一个dts文件对应一个ARM的设备。

2. dtsi（device tree source include，设备树头文件）

对于一些相同的dts配置可以抽象到dtsi文件中，然后类似于C语言的方式可以用include命令导入到dts文件中，对于同一个节点的设置情况，dts中的配置会覆盖dtsi中的配置。

3. dtc（device tree compiler，设备树编译工具）

dtc是编译dts的工具，在内核源码scripts/dtc路径下已经包含了dtc工具。

4. dtb（device tree blob，设备树编译后的二进制文件）

dts经过dtc编译之后会得到dtb文件，dtb通过Bootloader引导程序加载到内核。所以，Bootloader需要支持设备树才行；Kernel也需要加入设备树的支持。

7.2.2　设备树语法

设备树源文件也是需要根据一定规则来编写的，同C语言一样，也要遵循一些语法规则。下面简单看一下设备树的源码结构及语法。

设备树是一个包含节点和属性的简单树状结构，属性是键-值对，而节点可以同时包含属性和子节点。下面是exynos4412-origen.dts设备树的前面一部分代码。

```
    /dts-v1/;
1   #include "exynos4412.dtsi"
2
3   {
4       model="Insignal Origen evaluation board based on Exynos 4412";
5       compatible="insignal,origen4412", "samsung,exynos4412";
6
7       memory {
8           reg=<0x40000000 0x40000000>;
9       };
```

```
10
11     chosen {
12         bootargs="console=ttySAC2,115200";
13     };
14
15     firmware@0203F000 {
16         compatible="samsung,secure-firmware";
17         reg=<0x0203F000 0x1000>;
18     };
19 };
```

该设备树包含以下内容：

① 版本信息：/dts-v1。

② 设备树头文件：exynos4412.dtsi。

③ 一个单独的根节点：/。

④ 根节点的两个属性model和compatible。

⑤ 三个子节点：memory、chosen和firmware@0203F00。

⑥ chosen节点不代表一个真正的设备，但功能与在固件和操作系统间传递数据的地点一样，如根参数、取代以前bootloader的启动参数、控制台的输入/输出参数等。

⑦ 分散在子节点的属性。

1. 节点格式

```
label: node-name@unit-address
```

其中，label是标号；node-name是节点名字，是一个不超过31位的简单ASCII字符串。unit-address是单元地址，通常用来访问该设备的主地址，并且该地址也在节点的reg属性中列出。unit-address不是必需的。

label标号也可以省略，其作用是为了方便地引用该节点。当找一个节点时，必须书写完整的节点路径，这样当一个节点嵌套比较深时就不是很方便。所以，设备树允许以下面的形式为节点标注引用（起别名），借以省去冗长的路径，这样就可以实现类似函数调用的效果。编译设备树时，相同节点的不同属性信息都会被合并，相同节点的相同属性会被重写，使用引用可以避免移植者四处找节点，直接在板级的.dts文件上增改即可。例如：

```
uart0: uart@fe001000{
    compatible="ns16550";
    reg=<0xfe001000 0x100>;
};
```

可以使用下面两种方法来修改uart@fe001000这个节点：

```
//在根节点之外，使用label引用该节点：
&uart0{
    status="disabled";
};
//或在根节点之外使用全路径引用该节点：
&{/uart@fe001000} {
    status="disabled";
};
```

2. 属性格式

简单地说，properties就是name=value，value有多种取值方式。

① 一个32位的数据，用尖括号包围起来。例如：

```
interrupts=<17 0xc>;
```

② 一个64位数据（使用2个32位数据表示），用尖括号包围起来。例如：

```
clock-frequency =<0x00000001 0x00000000>;
```

③ 有结束符的字符串，用双引号包围起来。例如：

```
compatible="simple-bus";
```

④ 字节序列，用中括号包围起来，例如：

```
local-mac-address=[00 00 12 34 56 78];        //每个字节使用 2 个十六进制数来表示
```

⑤ 可以是各种值的组合，用逗号隔开。例如：

```
compatible="ns16550", "ns8250";
example=<0xf00f0000 19>, "a strange property format";
```

3. 常用属性

（1）compatible属性

compatible属性也称为“兼容性”属性，这是非常重要的一个属性。设备树中每一个代表一个设备的节点都要有一个compatible属性。compatible属性用于将设备和驱动绑定起来。compatible属性的值是一个字符串列表，字符串列表用于选择设备所要使用的驱动。该字符串的格式为：“<制造商>,<型号>”，其余的字符串则表示其他与之兼容的设备。例如：

```
compatible="fsl,mpc8641", "ns16550";
```

上面的compatible有两个属性值，分别是"fsl,mpc8641"和"ns16550"；其中"fsl,mpc8641"的厂商是fsl；设备首先会使用第一个属性值在Linux内核中查找，看能否找到与之匹配的驱动文件；如果没找到，就使用第二个属性值查找，依此类推，直到查到对应的驱动程序或者查找完整个Linux内核也没有对应的驱动程序为止。

（2）#address-cells和#size-cells属性

每一个可寻址设备都会有一个reg属性，该属性由一个或多个元素组成，其基本格式如下：

```
reg=<address1 length1 [address2 length2] [address3 length3] ... >
```

上面的每一个元素都代表设备的寻址地址及其寻址大小，每一个元素中的address值可以用一个或者多个无符号32位整型数据类型cell来表示，元素中的length可以为空，也可以是一个或者多个无符号32位整型数据类型cell。

由于每个可寻址设备都会有reg属性可设置，而且reg属性元素也是灵活可选择的，那么由谁来制定reg属性元素中每个元素（address和length）的个数呢？

这里要关注其父节点的两个属性，其中#address-cells表示reg中address元素的个数，#size-cells用来表示length元素的个数。

（3）reg属性

reg的本意是register，用来表示寄存器地址。但是在设备树中，它可以用来描述一段空间。对于ARM系统，寄存器和内存是统一编址的，即访问寄存器时用某块地址，访问内存时也用某块地址。

reg属性的值，是一系列的地址（address）和大小（size），用多少个32位的数来表示地址和大小，由其父节点的#address-cells、#size-cells决定。例如：

```
/ {
    #address-cells=<1>;
    #size-cells=<1>;
    memory {
        reg=<0x80000000 0x20000000>;
    };
};
```

上例中address-cells为1，所以reg中用1个数来表示地址，即用0x80000000来表示地址；size-cells为1，所以reg中用1个数来表示大小，即用0x20000000表示大小。

（4）interrupt-controller属性

一个空的属性，用来定义该节点是一个接收中断的设备，即是一个中断控制器。

（5）#interrupt-cells属性

一个中断控制器节点的属性，声明了该中断控制器的中断指示符中cell的个数，类似于#address-cells。

（6）interrupt-parent属性

一个设备节点的属性，指向设备所连接的中断控制器。如果这个设备节点没有该属性，那么这个节点继承父节点的这个属性。

（7）interrupts属性

一个设备节点属性，含一个中断指示符的列表。该属性主要描述了中断ID以及类型等。例如：

```
gic:interrupt-controller@10490000{
    compatible="arm,cortex-a9-gic";
    #interrupt-cells=<3>;
    interrupt-controller;
    reg=<0x10490000 0x1000>,<0x10480000 0x1000>;
};
```

上面的节点表示一个中断控制器，用于接收中断。中断指示符占3个cell。

```
/*  arch/arm/boot/dts/exynos4x12-pinctrl.dtsi  */
gpx1: gpx1{
    gpio-controller;
    #gpio-cells=<2>;
    interrupt-controller;
    interrupt-parent=<&gic>;
    interrupts=<0 24 0>, <0 25 0>, <0 26 0>, <0 27 0><0 28 0>, <0 29 0>,
<0 30 0>, <0 31 0>;
    #interrupt-cells = <2>;
};
```

gx1节点是一个中断设备，产生的中断连接到了gic中断控制器。即该节点的中断指示符所占的cell由gic的#interrupt-cells属性指定，也占3个cell。在interrupts的3个cell中，第一个cell是中断类型，0表示SPI中断，1表示PPI中断；第二个cell是中断号；第3个cell是中断的触发类型，0表示不关心。

在内核源码的Documentation/devicetree/bindings/目录中包含了大量的binding文档，当发现设备树中一些属性不能理解时，可查看相应的文档。

7.2.3　内核设备树访问函数

Linux内核提供了一系列的函数来获取设备树中的节点或者属性信息，这一系列的函数都有一个统一的前缀“of_”（open firmware，即开放固件），所以在很多资料中也称为OF函数。内核访问设备树的函数主要包含获取节点的函数和获取节点内部属性的函数，这些函数都定义在内核include/linux/of.h中。

1. 节点相关操作函数

与查找节点有关的OF函数有五个，如下所示：

```
    struct device_node *of_find_node_by_name(struct device_node *from,const
char *name)
    struct device_node *of_find_node_by_type(struct device_node *from, const
char *type)
    struct device_node *of_find_compatible_node(struct device_node *from,const
char *type,const char *compatible)
    struct device_node *of_find_matching_node_and_match(struct device_node
*from,const struct of_device_id *matches,const struct of_device_id **match)
    inline struct device_node *of_find_node_by_path(const char *path)
```

① of_find_node_by_name：通过节点名字查找指定的节点。from是开始查找的节点，如果为NULL，则表示从根节点开始查找；name是要查找节点的名字。返回值为找到的节点，如果返回值为NULL，表示查找失败。

② of_find_node_by_type：通过device_type属性查找指定的节点。type是要查找的节点对应的type字符串，即device_type属性值。

③ of_find_compatible_node：根据device_type和compatible这两个属性查找指定的节点。device_type属性值可以为NULL，表示可以忽略该属性。

④ of_find_matching_node_and_match：通过of_device_id匹配表来查找指定的节点。

⑤ of_find_node_by_path：通过路径来查找指定的节点。path是带有全路径的节点名，可以使用节点的别名。

2. 提取属性值的OF函数

常用提取设备树节点属性值的API函数如下：

```
    property *of_find_property(const struct device_node *np,const char
*name,int *lenp)
    int of_property_count_elems_of_size(const struct device_node *np,const
char *propname,int elem_size)
    int of_property_read_string(struct device_node *np,const char
*propname,const char **out_string)
    int of_property_read_u32_array(const struct device_node *np, const char
*propname, u32 *out_values, size_t sz)
    int of_property_read_u32(const struct device_node *np, const char
*propname,u32 *out_value)
```

① of_find_property：查找指定的属性。参数np为设备节点；name是属性的名字；lenp为属性值的字节数。

② of_property_count_elems_of_size：获取属性中元素的数量，例如，reg属性值是一个数组，可以用此函数获取到数组的大小；propname是属性名；elem_size是元素的长度。

③ of_property_read_string：读取属性中字符串值。out_string是读取到的字符串值。

④ of_property_read_u32_array：读取属性中u32类型的数组数据（类似的函数还有u8、u16和u64等）。propname为属性名；out_values是读取到的数组值；sz是要读取的数组元素数量。返回值为0表示读取成功，负值表示读取失败。

⑤ of_property_read_u32：用于读取只有一个u32整型值的属性值（类似的函数还有u8、u16和u64等）。其参数和返回值同上。

7.3 基于设备树的LED驱动

之前的LED字符设备驱动的编写方法：直接在驱动文件led_drv_ioctl.c中定义有关寄存器物理地址，然后使用ioremap()函数进行内存映射得到对应的虚拟地址，最后操作寄存器对应的虚拟地址完成对GPIO的初始化。

使用设备树编写字符设备驱动，与上述驱动主要的区别是：使用设备树向Linux内核传递相关的寄存器物理地址；Linux驱动文件使用OF函数从设备树中获取所需的属性值，然后使用获取到的属性值来初始化相关的I/O，所以，其本质还是配置寄存器。下面举例说明：

1. 修改设备树文件，添加节点

```
/*  exynos4412-fs4412.dts   */
led3{
    compatible = "fs4412,fsled";
    reg = <0x11000C40  0x8>;
    pin=<7>;
};
```

在上述代码中，pin是自定义属性，表示使用的GPIO引脚。

2. 驱动程序代码

本示例中的驱动代码用一个结构体来描述一个设备的信息，又加入了错误处理代码，从而使该驱动更加规范。

【例7.1】规范化的字符设备驱动。

```
/*  led_drv_ioctl.c  */
1    #include <linux/init.h>
2    #include <linux/module.h>
3    #include <linux/fs.h>
4    #include <linux/device.h>
5    #include<linux/io.h>
6    #include<linux/slab.h>
7    #include<linux/of.h>
8
9    #include<asm/uaccess.h>
10
11   #include"command.h"
12
13   struct led_desc{
```

```
14      unsigned int dev_major;
15      struct class *mycls;
16      struct device *mydev;
17      unsigned int __iomem *gpxcon;
18      unsigned int __iomem *gpxdat;
19      unsigned int led_pin;
20  };
21
22  struct led_desc *led_dev;
23
24  int led_drv_open(struct inode *fnod, struct file *filp)
25  {
26      printk("------------%s------------\n",__FUNCTION__);
27      return 0;
28  }
29
30  int led_drv_close(struct inode *fnod, struct file *filp)
31  {
32      printk("------------%s------------\n",__FUNCTION__);
33      return 0;
34  }
35
36  long led_ioctl (struct file *filp, unsigned int cmd, unsigned long arg)
37  {
38      if(_IOC_TYPE(cmd)!='k')
39          return -ENOTTY;
40      switch(cmd)
41      {
42          case LED_ON:
43              writel(readl(led_dev->gpxdat)|(0x1<<1*led_dev->led_pin),led_
                dev->gpxdat);
44              break;
45          case LED_OFF:
46              writel(readl(led_dev->gpxdat)&(~(0x1<<1*led_dev->led_pin)),
                led_dev->gpxdat);
47              break;
48          default:
49              return -EFAULT;
50      }
51      return 0;
52  }
53
54
55  struct file_operations my_ops={
56      .open=led_drv_open,
57      .release=led_drv_close,
58      .unlocked_ioctl=led_ioctl,
59  };
60
61  static int __init led_dev_init(void)
62  {
```

```
63        int ret;
64        u32 regdata[2];
65        struct device_node *np;
66
67        led_dev=kmalloc(sizeof(struct led_desc),GFP_KERNEL);
68        if(led_dev==NULL)
69        {
70            printk(KERN_ERR "malloc error\n");
71            return -ENOMEM;
72        }
73        led_dev->dev_major=register_chrdev(0,"mydevice",&my_ops);
74        if(led_dev->dev_major<0)
75        {
76            printk(KERN_ERR "register_chrdev error!\n");
77            ret=-ENODEV;
78            goto err_0;
79        }
80
81        led_dev->mycls=class_create(THIS_MODULE, "chr_cls");
82        if(IS_ERR(led_dev->mycls))
83        {
84            printk(KERN_ERR "class_create error!\n");
85            ret=PTR_ERR(led_dev->mycls);
86            goto err_1;
87        }
88
89        led_dev->mydev=device_create(led_dev->mycls, NULL,MKDEV(led_dev->dev
          _major, 0), NULL,"mydev");
90        if(IS_ERR(led_dev->mydev))
91        {
92            printk(KERN_ERR "device_create error!\n");
93            ret=PTR_ERR(led_dev->mydev);
94            goto err_2;
95        }
96
97        np=of_find_node_by_path("/led3");
98        if(np==NULL)
99        {
100           printk(KERN_ERR "find node fail!\n");
101           ret=-EINVAL;
102           goto err_3;
103       }
104
105       ret=of_property_read_u32_array(np,"reg",regdata,2);
106       if(ret<0)
107       {
108           printk(KERN_ERR "read reg error!\n");
109           ret=-ENOENT;
110           goto err_4;
111       }
112
```

```
113        led_dev->gpxcon=ioremap(regdata[0],regdata[1]);
114        if(!led_dev->gpxcon)
115        {
116            printk(KERN_ERR "ioremap error!\n");
117            ret=-EBUSY;
118            goto err_5;
119        }
120        led_dev->gpxdat=led_dev->gpxcon+1;
121
122        ret=of_property_read_u32(np,"pin",&led_dev->led_pin);
123        writel(readl(led_dev->gpxcon)&(~(0xff<<4*led_dev->led_pin))|(0x1<<4
           *led_dev->led_pin),led_dev->gpxcon);
124        return ret;
125    err_5:
126    err_4:
127    err_3:
128        device_destroy(led_dev->mycls,MKDEV(led_dev->dev_major,0));
129    err_2:
130        class_destroy(led_dev->mycls);
131    err_1:
132        unregister_chrdev(led_dev->dev_major,"mydevice");
133    err_0:
134        kfree(led_dev);
135        return ret;
136    }
137
138    static void __exit led_dev_exit(void)
139    {
140        iounmap(led_dev->gpxcon);
141        device_destroy(led_dev->mycls,MKDEV(led_dev->dev_major,0));
142        class_destroy(led_dev->mycls);
143        unregister_chrdev(led_dev->dev_major,"mydevice");
144        kfree(led_dev);
145    }
146    module_init(led_dev_init);
147    module_exit(led_dev_exit);
148    MODULE_LICENSE("GPL");
```

代码第13～20行定义了一个结构体，用来描述设备信息。第22行声明了一个全局的结构体指针变量用来表示一个全局的设备对象。代码第67行为该变量分配内存空间。第82～87行为class_create创建类时的出错处理。同样，第90～95行为device_create创建设备时的出错处理。代码第97行，在设备树文件中查找led3的设备节点。代码第105行，读取led3节点的reg属性值到regdata数组中。第113行对地址进行映射，得到8个字节的虚拟地址。第122行获取led3节点的pin属性值。

上述代码测试过程和结果如下：

```
$ make dtbs
$ make ARCH=arm
$ arm-none-linux-gnueabi-gcc led_ioctl_test.c -o led_ioctl_test
$ cp led_ioctl_test led_drv_ioctl.ko /source/rootfs/
```

```
$ cp arch/arm/boot/dts/exynos4412-fs4412.dtb /tftpboot/
```

启动FS4412实验箱，然后运行如下命令：

```
# insmod led_drv_ioctl.ko
# ./led_ioctl_test
```

可以看到LED D3在有规律地闪烁。

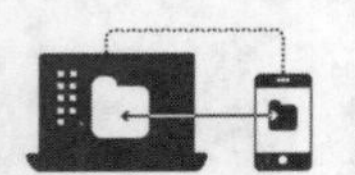

实验6　字符设备驱动

字符设备驱动

【实验目的】

① 掌握字符设备驱动开发的基本方法。

② 了解设备树的相关知识。

【实验步骤】

① 按照实验1的方法准备实验环境。

② 复制移植好的Linux内核源码并解压缩。

```
$ tar xvf linux-3.14-fs4412.tar.xz
$ cd linux-3.14-fs4412
```

③ 编译内核源码并复制uImage到/tftpboot。

```
$ make uImage
$ cp arch/arm/boot/uImage  /tftpboot/
```

④ 编译设备树并将编译后的设备树文件复制到/tftpboot目录下。

```
$ make dtbs
$ cp arch/arm/boot/dts/exynos4412-fs4412.dtb  /tftpboot
```

⑤ 将创建完成的根文件系统复制到/source目录下，并解压缩。

```
$ tar xvf rootfs.tar.xz
```

⑥ 新建工作目录，并进入工作目录。

```
$ mkdir ~/test01
$ cd ~/test01
```

⑦ 分别新建command.h、led_drv_ioctl.c与led_ioctl_test.c，并输入代码，参见例6.5。

⑧ 输入完成后保存退出。

⑨ 在当前目录下新建Makefile，输入代码，参见例5.2。根据实际情况修改KERNELDIR与obj-m的值。

```
KERNELDIR?=/home/linux/linux-3.14-fs4412/
…
obj-m+=led_drv_ioctl.o
```

⑩ 分别编译字符设备驱动和应用程序，并复制到/source/rootfs/目录下。

```
$ make ARCH=arm
$ arm-none-linux-gnueabi-gcc led_ioctl_test.c -o led_ioctl_test
$ cp led_ioctl_test led_drv_ioctl.ko /source/rootfs/
```

⑪ 打开PuTTY窗口，启动FS4412实验箱，当实验箱挂载上根文件系统后，运行如下命令：

```
# insmod led_drv_ioctl.ko
# ./led_ioctl_test
```

观察实验箱，可以看到LED D3有规律地闪烁。

⑫ 新建test02目录，并将test01目录下所有文件复制到test02目录下。

```
$ mv ../test01  ../test02
$ cd ../test02
```

⑬ 编辑led_drv_ioctl.c，代码参见例7.1。

```
$ vim led_drv_ioctl.c
```

⑭ 编译字符设备驱动led_drv_ioctl.c和应用程序led_ioctl_test.c，并将编译后的led_drv_ioctl.ko和led_ioctl_test复制到/source/rootfs/目录下。

```
$ make clean
$ make
$ arm-none-linux-gnueabi-gcc led_ioctl_test.c -o led_ioctl_test
$ cp led_drv_ioctl.ko led_ioctl_test  /source/rootfs/
```

⑮ 进入移植后的Linux内核源码目录，并修改设备树，添加设备树节点。

```
$ cd /home/linux/linux-3.14-fs4412/
$ vim arch/arm/boot/dts/exynos4412-fs4412.dts
```

添加设备节点如下：

```
led3{
    compatible = "fs4412,fsled";
    reg = <0x11000C40  0x8>;
    pin=<7>;
};
```

⑯ 重新编译设备树，并将编译完成的设备树文件复制到tftpboot目录下。

```
$ make dtbs
$ cp arch/arm/boot/dts/exynos4412-fs4412.dtb /tftpboot/
```

⑰ 启动FS4412实验箱，打开PuTTY窗口，当实验箱挂载上根文件系统后，运行如下命令：

```
# insmod led_drv_ioctl.ko
# ./led_ioctl_test
```

观察实验箱，看LED D3是否闪烁。

习　题　7

一、选择题

1. 设备树源文件是（　　）。

   A. dts　　B. dtsi　　C. dtb　　D. dtc

2. 设备树里，可以用来描述一段空间的属性是（　　）。

   A. chosen　　B. reg　　C. compatible　　D. #address-cell

3. 在设备树中，用于将设备和驱动绑定的属性是（　　）。

A. chosen　　B. reg　　C. compatible　　D. #address-cell

4. 在设备树中，用于描述中断ID以及类型的属性是（　　）。

A. interrupt-controller　　B. #interrupt-cells

C. interrupt-parent　　D. interrupts

5. 编译设备树的命令是（　　）。

A. make　　B. make uImage　　C. make dtbs　　D. make menuconfig

二、填空题

1. 设备树是一个包含________和________的________结构。
2. compatible属性用于将________和________绑定起来。其属性值是________。
3. interrupt-controller是一个________属性，用来定义该节点是一个________设备。

三、简答题

1. 简述Linux内核为何要采用设备树。
2. 找出如下DT节点的语法错误，并回答原因。

```
amba{
    compatible="simple-bus";
    #address-cells=<1>;
    #size-cells=<1>;
    ranges;
    adc: adc@f8007100{
       compatible="xlnx,zynq-xadc-1.00.a";
       reg=<0x0  0xf8007100  0x20>;
    };
};
```

3. 在设备树中添加uart2的节点信息，通过查找uart2节点信息，实现串口2驱动的初始化。

第 8 章 内核中断编程

为了提高外部事件处理的实时性，现在的处理器大多含有中断控制器。为了能支持这一特性，Linux系统中设计了一个中断子系统来管理系统的中断。本章通过FS4412按键中断的例子，讲述按键中断驱动编程方法，然后引出中断上下文的概念和示例。

本章主要内容：

- 按键中断编程。
- 中断下半部。

8.1 按键中断编程

在Linux驱动编写过程中，中断是非常频繁使用的功能。Linux内核提供了完善的中断框架，只需要申请中断，然后注册中断处理函数即可，使用非常方便，不需要一系列复杂的寄存器配置。

1. 获取中断号

编写驱动时需要用到中断号，Linux 3.x的中断信息已经写到了设备树中，因此需要从设备树的interupts属性中提取到对应的设备中断号。用到的API如下：

```
unsigned int irq_of_parse_and_map(struct device_node *dev,int index)
```

第一个参数dev是设备节点；第二个参数index是索引号，设备树中interrupts属性可能包含多条中断信息，通过index指定要获取的信息。该函数的返回值即为中断IRQ号。

2. 申请中断

request_irq()函数用于申请中断，但可能会导致休眠，因此不能在中断上下文或者其他禁止休眠的代码段中使用request_irq()函数。request_irq()函数会激活（使能）中断，所以不需要再手动去使能中断。函数原型如下：

```
    int request_irq(unsigned int irq, irq_handler_t handler, unsigned long
flags, const char * name, void * dev)
```

该函数各形参说明如下：

① irq：设备上所用中断IRQ号。

② handler：指向中断处理函数的指针，类型定义如下：

```
typedef irqreturn_t (*irq_handler_t)(int, void *)
```

中断发生后，中断处理函数会被自动调用。第一个参数是IRQ号；第二个参数是对应的设备id。中断处理函数的返回值是一个枚举类型irqreturn_t，包含如下几个枚举值：

```
enum irqreturn{
    IRQ_NONE=(0<<0),            //不是驱动所管理的设备产生的中断，用于共享中断
    IRQ_HANDLED=(1<<0),         //中断被正常处理
    IRQ_WAKE_THREAD=(1<<1),     //需要唤醒一个内核线程
};
typedef enum irqreturn irqreturn_t;
```

③ flags：与中断相关的标志。常用的标志如下：

•IRQF_TRIGGER_NONE：无触发。

•IRQF_TRIGGER_RISING：上升沿触发。

•IRQF_TRIGGER_FALLING：下降沿触发。

•IRQF_TRIGGER_HIGH：高电平触发。

•IRQF_TRIGGER_LOW：低电平触发。

• IRQF_SHARED：多个设备共享一个中断线，共享的所有中断都必须指定此标志。如果使用共享中断，request_irq()函数的dev参数就是唯一区分它们的标志。

•IRQF_DISABLE：中断函数执行期间禁止中断。

上述标志可以实现多种组合。

④ name：中断名字，设置以后可以在/proc/interrupts文件中看到对应的中断名字。

⑤ dev：如果将flags设置为IRQF_SHARED的话，dev用来区分不同的中断，一般情况下将dev设置为设备结构体，dev会传递给中断处理函数irq_handler_t的第二个参数。

request_irq()函数成功返回0值，失败则返回负值。需要说明的是，request_irq()函数根据传入的参数构造好一个struct irqaction对象，并加入对应的链表，还会将对应的中断使能。所以，并不需要再使能中断。

3. 释放中断

使用中断时需要通过request_irq()函数申请，使用完成以后需要通过free_irq()函数释放掉相应的中断。free_irq()函数原型如下：

```
void free_irq(unsigned int, void *)
```

函数参数和返回值含义如下：

① irq：要释放的中断IRQ号。

② dev：如果中断设置为共享（IRQF_SHARED），此参数用来区分具体的中断。

需要强调的是，中断处理函数应该快速完成，不能消耗太长的时间。这是因为内核进入中断后，相应的中断会被屏蔽，在之后的代码中又没有重新开启中断，所以在整个中断处理过程中中断是禁止的。如果中断处理函数执行时间过长，其他的中断将会被挂起，从而将会对其他中断的响应造成影响。在中断处理函数中一定不能调用可能会引起进程切换的函数（如copy_to_user()、copy_from_user()等），因为一旦中断处理程序被切换，将不能再次被调用。

下面以FS4412实验箱上的K2按键中断为例，其内核驱动程序开发过程如下：

（1）添加设备树节点

```
/* arch/arm/boot/dts/exynos4412-fs4412.dts */
key_int_node{
    compatible="test_key";
    interrupt-parent=<&gpx1>;        //继承于gpx1
    interrupts=<2 4>;                //2表示第几个中断号，4表示触发方式为下降沿
};                                   //interrupt中长度由父节点的cell决定
```

（2）实现按键中断驱动

【例8.1】按键中断驱动。

```
   /*  key_drv.c  */
1  #include <linux/init.h>
2  #include <linux/module.h>
3  #include <linux/of.h>
4  #include <linux/of_irq.h>
5  #include <linux/interrupt.h>
6  #include <linux/slab.h>
7  #include <linux/fs.h>
8  #include <linux/device.h>
9  #include <asm/io.h>
10 #include <asm/uaccess.h>
11
12 #define GPXCON_REG  0x11000C20
13 #define KEY_ENTER      28
14
15 struct key_event{                            // 设计一个描述按键的数据的对象
16    int code;                                 // 表示按键的类型
17    int value;                                // 表示按下 (1) 还是抬起 (0)
18 };
19
20 struct key_desc{                             //设计一个全局设备对象 -- 描述设备信息
21     unsigned int dev_major;
22     struct class *cls;
23     struct device *dev;
24     int irqno;
25     void *reg_base;
26     struct key_event event;
27 };
28
29 struct key_desc *key_dev;
30
31 irqreturn_t key_irq_handler(int irqno, void *devid)
32 {
33     int value=readl(key_dev->reg_base+4) & (1<<2);      //读取数据寄存器
34     if(value){ // 抬起
35         printk("key3 up\n");
36         key_dev->event.code=KEY_ENTER;
37         key_dev->event.value=0;
38
39     }else{                                               //按下
40         printk("key3 pressed\n");
41         key_dev->event.code=KEY_ENTER;
42         key_dev->event.value=1;
43     }
44         return IRQ_HANDLED;
45 }
46
47 int get_irqno_from_node(void)
```

```
48  {
49      struct device_node *np = of_find_node_by_path("/key_int_node");
                                                    // 获取设备树节点
50      if(np){
51          printk("find node ok\n");
52      }else{
53          printk("find node failed\n");
54      }
55      int irqno=irq_of_parse_and_map(np, 0);   // 通过节点获取中断号码
56      printk("irqno=%d\n", irqno);
57      return irqno;
58  }
59
60  int key_drv_open(struct inode *inode, struct file *filp)
61  {
62      printk("-------%s-------------\n", __FUNCTION_ _);
63      return 0;
64  }
65
66  ssize_t key_drv_read(struct file *filp, char __user *buf, size_t count,
    loff_t *fpos)
67  {
68      int ret;
69      ret=copy_to_user(buf, &key_dev->event, count);
70      if(ret > 0)
71      {
72          printk("copy_to_user error\n");
73          return -EFAULT;
74      }
75
76      memset(&key_dev->event, 0, sizeof(key_dev->event));
77      return ret;
78  }
79  ssize_t key_drv_write(struct file *filp, const char __user *buf, size_t count,
    loff_t *fpos)
80  {
81      printk("-------%s-------------\n", __FUNCTION__);
82      return 0;
83  }
84
85  int key_drv_close (struct inode *inode, struct file *filp)
86  {
87      printk("-------%s-------------\n", __FUNCTION__);
88      return 0;
89  }
90
91  const struct file_operations key_fops={
92      .open=key_drv_open,
93      .read=key_drv_read,
94      .write=key_drv_write,
95      .release=key_drv_close,
```

```
96   };
97
98   static int __init key_drv_init(void)
99   {
100      int ret;
101      key_dev=kzalloc(sizeof(struct key_desc), GFP_KERNEL);
102      key_dev->dev_major=register_chrdev(0, "key_drv", &key_fops);
103      key_dev->cls=class_create(THIS_MODULE, "key_cls");
104      key_dev->dev=device_create(key_dev->cls, NULL, MKDEV(key_dev->dev_major,0),
         NULL, "key0");
105      key_dev->reg_base=ioremap(GPXCON_REG, 8);     // GPX1 寄存器地址映射
106
107      key_dev->irqno=get_irqno_from_node();
108      ret=request_irq(key_dev->irqno, key_irq_handler,IRQF_TRIGGER_
         FALLING|IRQF_TRIGGER_RISING,
109                   "key3_eint10", NULL);
110      if(ret!=0)
111      {
112          printk("request_irq error\n");
113          return ret;
114      }
115
116      return 0;
117  }
118
119  static void __exit key_drv_exit(void)
120  {
121      free_irq(key_dev->irqno, NULL);
122      iounmap(key_dev->reg_base);
123      device_destroy(key_dev->cls, MKDEV(key_dev->dev_major,0));
124      class_destroy(key_dev->cls);
125      unregister_chrdev(key_dev->dev_major, "key_drv");
126      kfree(key_dev);
127  }
128
129  module_init(key_drv_init);
130  module_exit(key_drv_exit);
131  MODULE_LICENSE("GPL");
```

代码第15～18行，设计了一个描述按键的数据对象。第20～27行，设计了一个全局描述设备的数据对象。第107行通过调用get_irqno_from_node()函数从设备数节点信息中获取IRQ号。第108行向内核申请中断，其中断处理程序为key_irq_handler()。第31～45行实现了中断处理，当按键按下时赋值为1，按键抬起时赋值为0，并将按键信息通过key_drv_read()函数发送给应用程序。

按键的应用程序代码如下：

```
     /*  key_test.c  */
1    #include <stdio.h>
2    #include <string.h>
3    #include <stdlib.h>
4    #include <sys/types.h>
```

```
5    #include <sys/stat.h>
6    #include <fcntl.h>
7    #include <unistd.h>
8
9    struct key_event{
10       int code;
11       int value;
12   };
13
14   #define KEY_ENTER 28
15
16   int main(int argc, char *argv[])
17   {
18       struct key_event event;
19       int fd=open("/dev/key0", O_RDWR);
20       if(fd < 0)
21       {
22           perror("open");
23           exit(1);
24       }
25       while(1)
26       {
27           read(fd, &event, sizeof(struct key_event));
28           if(event.code==KEY_ENTER)
29           {
30               if(event.value)
31               {
32                   printf(" key enter pressed\n");
33               }else{
34                   printf("key enter up\n");
35               }
36           }
37       }
38       close(fd);
39       return 0;
40   }
```

上述代码测试过程和结果如下：

```
$ make dtbs
$ make ARCH=arm
$ arm-none-linux-gnueabi-gcc key_test.c -o key_test
$ cp key_test key_drv.ko /source/rootfs/
$ cp arch/arm/boot/dts/exynos4412-fs4412.dtb /source/rootfs/
```

启动FS4412实验箱，当实验箱启动内核，挂载NFS文件系统后，在PuTTY窗口输入。

```
# insmod key_drv.ko
```

可以看到实验效果如图8.1所示。

在例8.1中，需要注意的是，第105行I/O地址映射的语句一定要放在中断申请request_irq语句之前。若I/O地址映射的语句放在第108行request_irq语句之后，常会造成在加载该模块时，key_dev->reg_base地址指针为空。错误信息如下：

```
[root@farsight ]# insmod key_drv.ko
[    14.545000] find node ok
[    14.545000] irqno=170
[    14.550000] ——————————key_irq_handler——————————
[    14.550000] Unable to handle kernel NULL pointer dereference at
   virtual address 00000004
[    14.550000] pgd=ee320000
...
```

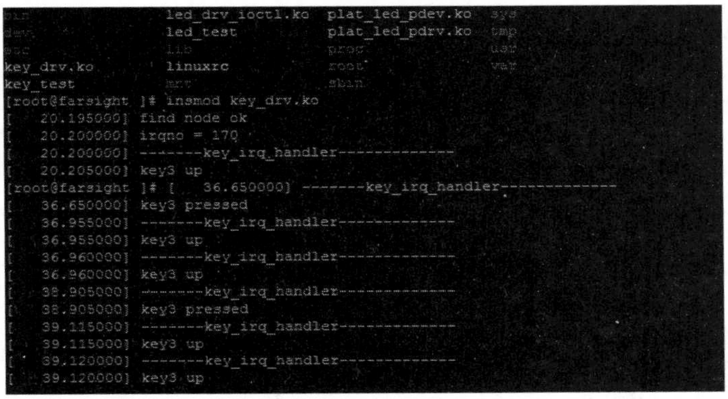

```
                led_drv_ioctl.ko  plat_led_pdev.ko
                led_test          plat_led_pdrv.ko
key_drv.ko      linuxrc
key_test
[root@farsight ]# insmod key_drv.ko
[   20.195000] find node ok
[   20.200000] irqno = 170
[   20.200000] -------key_irq_handler------------
[   20.205000] key3 up
[root@farsight ]# [   36.650000] -------key_irq_handler------------
[   36.650000] key3 pressed
[   36.955000] -------key_irq_handler------------
[   36.955000] key3 up
[   36.960000] -------key_irq_handler------------
[   36.960000] key3 up
[   38.905000] -------key_irq_handler------------
[   38.905000] key3 pressed
[   39.115000] -------key_irq_handler------------
[   39.115000] key3 up
[   39.120000] -------key_irq_handler------------
[   39.120000] key3 up
```

图 8.1　按键中断实验效果

8.2　中断下半部

设备的中断会打断内核中进程的正常调度和运行，这就要求中断处理函数应该尽快完成。但在大多数真实的系统中，当中断到来时，要完成的工作往往比较烦琐，耗时太多。例如，网卡接收到数据产生的中断。此时中断程序要做如下工作：

从网卡缓存复制数据→检查数据包→拆包处理→递交给上层。

上述工作往往不是短时间内就可以完成的。为了在中断执行时间尽可能短和中断处理需要完成大量工作之间找到一个平衡点，Linux将中断分成了两个半部：上半部（顶半部，top half）和下半部（底半部，bottom half）。上半部用来完成紧急但能很快完成的事情；下半部用来完成不紧急但比较耗时的操作。下半部在执行过程中，中断被重新使能，所以如果有新的硬件中断产生，将会停止执行下半部的程序，转而执行硬件中断的上半部。

尽管上半部、下半部的结合能够改善系统的响应能力，但是，僵化地认为Linux设备驱动中的中断处理一定要分两个半部则是不对的。如果中断要处理的工作本身很少，则完全可以直接在上半部全部完成。

中断下半部的实现机制有：tasklet、workqueue（工作队列）和softirq（软中断）。软中断不太适合驱动开发者，这里只介绍tasklet和workqueue两种实现中断下半部的方法。

8.2.1　tasklet

在大多数情况下，为了控制一个寻常的硬件设备，tasklet机制是实现下半部的最佳选择。其实tasklet是利用软中断实现下半部的一种机制，本质上也是软中断的一种。tasklet运行在软中断上下文中，具有如下特点：

① tasklet是在软中断上实现的，所以像软中断一样不能睡眠、不能阻塞，处理函数内不能含有导致睡眠的动作，如减少信号量、从用户空间复制数据或手工分配内存等。

② 每个CPU拥有一个tasklet_vec链表，具体是哪个CPU的tasklet_vec链表，是根据当前线程是运行在哪个CPU来决定的。

③ tasklet只可以在一个CPU上同步执行，不同的tasklet可以在不同的CPU上同步执行。

④ tasklet的实现是建立在两个软件中断的基础之上的，即HI_SOFTIRQ和TASKLET_SOFTIRQ，本质上没有什么区别，只不过HI_SOFTIRQ的优先级更高一些。

⑤ tasklet的串行化使tasklet函数不必是可重入的，因此简化了设备驱动程序开发。

tasklet使用struct tasklet_struct结构体来描述，其定义如下：

```
struct tasklet_struct
{
    struct tasklet_struct *next;            // 多个 tasklet 串接成一个链表
    unsigned long state;
                // tasklet 的状态。TASK_STATE_SCHED 表示 tasklet 已经被调度
                // TASKLET_STATE_RUN 表示 tasklet 正在运行（只支持 SMP）
    atomic_t count;
         //为 0 表示 tasklet 处于激活状态；不为 0 表示该 tasklet 被禁止，不允许运行
    void (*func)(unsigned long);            // tasklet 处理程序
    unsigned long data;                     // 传递给 func 处理程序的参数
   };
```

在中断编程中使用tasklet的步骤如下：

① 定义一个tasklet，如struct tasklet_struct mytasklet;。

② 使用tasklet_init()函数初始化tasklet。该函数原型如下：

```
void tasklet_init(struct tasklet_struct * t, void(* func)(unsigned long),
unsigned long data)
```

其中，t是要初始化的tasklet，func是tasklet的处理函数，data是传递给func的函数的参数。也可以使用DECLARE_TASKLET(name, func, data)一次性完成tasklet的定义和初始化。name即是tasklet的名字。

③ 在中断上半部（即中断处理函数中）调用tasklet_schedule()函数，将tasklet加入内核链表中，使之在合适的时间运行。tasklet_schedule()函数原型如下：

```
void tasklet_schedule(struct tasklet_struct *t )
```

其中，t是需要调度的tasklet，也是DECLARE_TASKLET宏里面的name。

④ 模块卸载的时调用tasklet_kill()函数。该函数的原型如下：

```
void tasklet_kill(struct tasklet_struct *t)
```

tasklet_kill()函数会等待tasklet执行完毕，然后再将它移除。该函数可能会引起休眠，所以要禁止在中断上下文中使用。

【例8.2】按键中断下半部——tasklet。

```
  /*  key_drv.c  */
…
19
20  struct key_desc{                //设计一个全局设备对象，描述按键信息
21      unsigned int dev_major;
```

```
22      struct class *cls;
23      struct device *dev;
24      int irqno;
25      void *reg_base;
26      struct key_event event;
27      struct tasklet_struct mytasklet;
28  };
29
30  struct key_desc *key_dev;
31  int val;
32
33  irqreturn_t key_irq_handler(int irqno, void *devid)
34  {
35      val=readl(key_dev->reg_base + 4) & (1<<2);   //读取数据寄存器
36      tasklet_schedule(&key_dev->mytasklet);       //启动中断下半部
37      return IRQ_HANDLED;
38  }
39
40  void key_tasklet_half_irq(unsigned long data)    //中断下半部，设置按键值
41  {
42
43      if(val){ // 抬起
44          printk("key3 up\n");
45          key_dev->event.code=KEY_ENTER;
46          key_dev->event.value=0;
47
48      }else{   //按下
49          printk("key3 pressed\n");
50          key_dev->event.code=KEY_ENTER;
51          key_dev->event.value=1;
52          }
53  }
…
106 static int __init key_drv_init(void)
107 {
…
122     key_dev->reg_base=ioremap(GPXCON_REG, 8);    //GPX1寄存器地址映射
123     tasklet_init(&key_dev->mytasklet, key_tasklet_half_irq, 45);
                                                     //初始化tasklet
124     return 0;
125 }
126
127 static void __exit key_drv_exit(void)
128 {
129     tasklet_kill(&key_dev->mytasklet);           //移除tasklet
130     iounmap(key_dev->reg_base);
…
136 }
```

8.2.2 工作队列

工作队列（workqueue）是除软中断和tasklet以外最常用的一种下半部机制，是利用内核线

程来异步执行工作任务的通用机制。工作队列是另外一种将工作推后执行的形式，它和前面讨论的tasklet有所不同。工作队列可以把工作推后，交由一个内核线程去执行，也就是说，这个下半部分可以在进程上下文中执行。这样，通过工作队列执行的代码能占尽进程上下文的所有优势。

每当创建一条工作队列，内核就会为这条工作队列创建一条内核线程。工作队列位于进程上下文。与软中断、tasklet有所区别，工作队列里允许延时、睡眠操作。而软中断、tasklet位于中断上下文，不允许睡眠和延时操作。

因而，如果推后执行的任务需要睡眠，就选择工作队列；如果推后执行的任务不需要睡眠，就选择tasklet。另外，如果需要用一个可以重新调度的实体来执行下半部处理，也应该使用工作队列。它是唯一能在进程上下文运行的下半部实现机制，也只有它才可以睡眠。

工作队列节点的结构体类型定义如下：

```
struct work_struct{                         //工作队列结构
    atomic_long_t data;                     //传递给工作函数的参数
    struct list_head entry;                 //链表处理
    work_func_t func;                       //工作处理函数
    …
};
```

在中断编程中使用工作队列的方法和步骤如下：

① 定义工作队列节点：

```
struct work_struct mywork
```

② 初始化等待队列：

```
INIT_WORK(struct work_struct *work, void (*func)(struct work_struct *work))
```

定义并初始化：

```
DECLARE_WORK(name, void (*func)(struct work_struct *work))
```

name是节点的名字，func是工作函数。

③ 调度工作队列：

```
bool schedule_work(struct work_struct *work)
bool schedule_delayed_work(struct work_struct *work, unsigned long delay)
                                            //延时调度工作队列
```

【例8.3】按键中断下半部——workqueue。

```
  /*  key_drv.c  */
…
20  struct key_desc{                          //设计一个全局设备对象描述按键信息
21      unsigned int dev_major;
22      struct class *cls;
23      struct device *dev;
24      int irqno;
25      void *reg_base;
26      struct key_event event;
27      struct work_struct mywork;
28  };
29
30  struct key_desc *key_dev;
31  int val;
```

```
32
33   irqreturn_t key_irq_handler(int irqno, void *devid)
34   {
35       val=readl(key_dev->reg_base+4) & (1<<2);
         //读取数据寄存器
36       schedule_work(&key_dev->mywork);
         //调度工作队列
37       return IRQ_HANDLED;
38   }
39
40   void work_irq_half(unsigned long data)
     //中断下半部，设置按键值
41   {
42       if(val){ // 抬起
43           printk("key3 up\n");
44           key_dev->event.code=KEY_ENTER;
45           key_dev->event.value=0;
46
47       }else{      //按下
48           printk("key3 pressed\n");
49           key_dev->event.code=KEY_ENTER;
50           key_dev->event.value=1;
51       }
52   }
53 …
105  static int __init key_drv_init(void)
106  {
…
121      key_dev->reg_base=ioremap(GPXCON_REG, 8);     //GPX1寄存器地址映射
122      INIT_WORK(&key_dev->mywork, work_irq_half);  //初始化workqueue
123      return 0;
124  }
```

习 题 8

一、填空题

1. 中断下半部的实现机制有________、________和________。
2. tasklet是利用________实现下半部的一种机制，本质上也是________的一种。
3. 工作队列是利用________来________执行工作任务的通用机制。

二、简答题

1. 请说明中断分成上半部和下半部的原因，为何要分，如何实现？
2. 在中断下半部的实现机制中，tasklet和workqueue有何区别？
3. 简述Linux设备驱动中使用中断的步骤。
4. 简述workqueue实现中断下半部的过程。

第9章 高级I/O操作

设备不一定随时都能够给用户提供服务，这就有了资源的可用与不可用两种状态。例如，想用手机摄像头拍照，而此时另一进程又正想调用它来视频，就会产生冲突。应用程序和驱动程序一起的各种配合就组成了多种I/O模型。

本章主要内容：

• 非阻塞I/O。
• 阻塞I/O。
• I/O多路复用。
• 异步通知。

9.1 非阻塞I/O

假设应用程序配置的是以非阻塞的方式来打开设备文件，此时当资源不可用时，驱动就应该立即返回，并用一个错误码来通知应用程序此时资源不可用，应用程序可稍后再做尝试。非阻塞I/O往往需要程序以循环的方式反复尝试读/写设备驱动，这个过程称为轮询。这对CPU来说是较大的浪费，一般只有特定场景下才使用。

对于这样的I/O方式，驱动程序的读/写接口代码在前面的基础上稍加修改即可。

【例9.1】按键驱动程序——非阻塞I/O。

```
    /*  key_drv.c  */
…
72  ssize_t key_drv_read(struct file *filp, char __user *buf, size_t count,
    loff_t *fpos)
73  {
74      int ret;
75      //如果当前是非阻塞模式，并且没有数据，立马返回一个出错码
76      if(filp->f_flags & O_NONBLOCK && !key_dev->key_state)
77          return -EAGAIN;
78      ret=copy_to_user(buf, &key_dev->event,count);
79      if(ret>0)
80      {
81          printk("copy_to_user error\n");
82          return -EFAULT;
83      }
84
85      memset(&key_dev->event, 0, sizeof(key_dev->event));
```

```
            // 传递给用户数据之后，将数据清除掉
86      key_dev->key_state=0;
87      return ret;
88  }
…
```

相应的应用程序部分修改如下：

```
    /*key_test.c*/
…
16  int main(int argc, char *argv[])
17  {
18      struct key_event event;
19      int fd = open("/dev/key0", O_RDWR|O_NONBLOCK);
…
39      return 0;
40  }
```

应用程序第19行，用O_NONBLOCK标志表示以非阻塞方式打开设备文件。在驱动代码的第76行，判断设备文件是否以非阻塞的方式打开，如果是，并且没有数据（key_dev->key_state==0），则返回EAGAIN错误码。

9.2　阻塞I/O

看了非阻塞I/O，再来看阻塞I/O就能很好理解了。简而言之，当进程以阻塞的方式打开设备文件时（默认打开方式为阻塞方式），如果资源不可用，进程就会进入休眠。

相比于非阻塞I/O，阻塞I/O在资源不可用时，不会占用CPU的时间。而非阻塞方式会定期查看资源是否可用，这对于键盘、鼠标等设备来讲，其效率是非常低的。当然，阻塞方式也是有缺点的，那就是当进程进入休眠状态后，进程无法做其他事情。

既然有休眠，自然就有唤醒了。当资源可用时，驱动会负责去唤醒该进程。另外，也可以指定进程的最长休眠时间，超时后进程自动苏醒。

阻塞I/O是如何实现的呢？简单来说，当进程发现资源不可用时，就会主动将自己的状态设置为TASK_UNINTERRUPTIBLE或TASK_INTERRUPTIBLE，然后就将自己加入一个驱动所维护的等待队列中，最后调用schdule主动放弃CPU，操作系统将其从运行队列上移除，并调度其他进程执行。

从上面的描述中可以看出，要实现阻塞型操作的方法如下：

① 定义和初始化一个等待队列头（wait_queue_head_t），并将其添加到正确的等待队列。

```
wait_queue_head_t  wq_head
init_waitqueue_head(q)
```

其中，init_waitqueue_head用于初始化一个等待队列头。

② 在需要等待（没有数据）时，将进程休眠。

```
wait_event(wq, condition)
wait_event_interruptible(wq, condition)
```

其中，wait_event_interruptible是在条件condition不成立的情况下，将当前进程放入到等待队列并休眠的基本操作。interruptible表示进程在休眠时可以通过信号来唤醒。这类的宏和函数有很多变体，更多的信息可查阅内核源码文件（linux/wait.h）。

③ 在一个合适的时候（有数据），唤醒进程。

```
wake_up_interruptible(x)
```

【例9.2】按键驱动程序——阻塞I/O。

```
   /*  key_drv.c  */
…
22  struct key_desc{
…
30      wait_queue_head_t  wq_head;            //定义等待队列头
31  };
32
33  struct key_desc *key_dev;
34
35  irqreturn_t key_irq_handler(int irqno, void *devid)
36  {
37      printk("-------%s-------------\n", __FUNCTION__);
38      int value=readl(key_dev->reg_base+4) & (1<<2);     //读取数据寄存器
39
40      if(value){ // 抬起
41          printk("key3 up\n");
42          key_dev->event.code=KEY_ENTER;
43          key_dev->event.value=0;
44
45      }else{ //按下
46          printk("key3 pressed\n");
47          key_dev->event.code=KEY_ENTER;
48          key_dev->event.value=1;
49      }
50      wake_up_interruptible(&key_dev->wq_head);
                                  //若有数据，将等待队列中的进程唤醒
51      key_dev->key_state=1;
52      return IRQ_HANDLED;
53  }
…
76  ssize_t key_drv_read(struct file *filp, char __user *buf, size_t count, loff_t *fpos)
77  {
78      int ret;
79      if(filp->f_flags & O_NONBLOCK && !key_dev->key_state)
80          return -EAGAIN;
81      wait_event_interruptible(key_dev->wq_head, key_dev->key_state);
                            //若无数据(key_state为0)，则进程休眠
82      ret=copy_to_user(buf, &key_dev->event,count);
83      if(ret>0)
84      {
85          printk("copy_to_user error\n");
86          return-EFAULT;
87      }
88
89      memset(&key_dev->event, 0,sizeof(key_dev->event));
```

```
            //传递给用户数据之后，将数据清除
90      key_dev->key_state=0;
91      return ret;
92  }
…
112 static int __init key_drv_init(void)
113 {
…
129     init_waitqueue_head(&key_dev->wq_head);
130     return 0;
131 }
…
```

9.3　I/O 多路复用

应用程序通常需要处理来自多条事件流中的事件。例如，计算机需要同时处理键盘鼠标的输入、中断信号等事件。再如Web服务器，需要同时处理来自*N*个客户端的事件。有没有一种可以在单线程/进程中处理多个事件流的方法呢？一种答案就是I/O多路复用（也称为I/O多路转接）。I/O多路复用，可以完成大量文件描述符的监控，监控的事件包括可读事件、可写事件、异常事件。哪个文件描述符准备就绪，就处理哪一个文件描述符。

I/O多路复用主要针对大量的I/O就绪事件进行监控，实现让进程仅针对就绪的I/O进行操作，避免针对未就绪I/O进行等待操作，导致整个流程阻塞或者效率低下。其实质就是用更少的资源去完成更多的事情。

目前，Linux支持I/O多路复用的系统调用常见的有select、poll、epoll三种方式。这里以poll为例进行说明。poll系统调用在应用层的函数原型及相关数据类型如下：

```
#include <poll.h>
struct pollfd {
    int fd;                             // 要监控的文件描述符
    short events;                       // 要监控的事件
    short revents;                      // 返回的事件
};
POLLIN  There is data to read.
POLLOUT  Writing now will not block.
int poll(struct pollfd *fds, nfds_t nfds, int timeout)
```

结构体pollfd有三个成员，fd是要监控的文件描述符，events是要监控的事件，revents是返回的事件。常见的事件有POLLIN、POLLOUT，分别表示设备可以无阻塞地读、写。

poll函数有三个参数：第一个参数是要监控的文件描述符集合，类型为struct pollfd的指针；第二个参数是要监控的文件描述符个数；第三个参数是超时时间，单位为毫秒。若此参数为负数则表示一直监控，直到被监控的任意一个设备发生了事件才会返回。若返回值为负，则表示出错。若返回值为0，则表示等待超时。返回值大于0，表示监听的文件描述符就绪。

【例9.3】按键驱动程序——poll接口函数。

```
    /*  key_drv.c  */
12  #include <linux/poll.h>
…
```

```
105 unsigned int key_drv_poll(struct file *filp, struct poll_table_struct *pts)
106 {
107     unsigned int mask;
108
109     poll_wait(filp, &key_dev->wq_head, pts);
                                  // 调用 poll_wait 将等待队列节点加入相应的等待队列中
110
111     if(!key_dev->key_state)
112         mask=0;               // 当没有数据时返回一个 0
113     if(key_dev->key_state)
114         mask|=POLLIN;         // 有数据返回一个 POLLIN
115
116     return mask;
117 }
118
119 const struct file_operations key_fops={
…
124     .poll=key_drv_poll,
125 };
```

代码第105～117行实现了一个poll的接口函数，第124行让file_operations内的poll()函数指针指向了该函数。第109行则调用poll_wait()函数，将等待队列节点加入等待队列中。

应用程序代码如下所示：

```
    /*  key_poll.c  */
1   #include <stdio.h>
2   #include <string.h>
3   #include <stdlib.h>
4   #include <sys/types.h>
5   #include <sys/stat.h>
6   #include <fcntl.h>
7   #include <unistd.h>
8   #include <poll.h>
9
10  struct key_event{
11      int code;
12      int value;
13  };
14
15  #define KEY_ENTER 28
16
17  int main(int argc, char *argv[])
18  {
19      int ret;
20      struct key_event event;
21      char in_buf[128];
22
23      int fd=open("/dev/key0", O_RDWR);
24      if(fd<0)
25      {
26          perror("open");
```

```
27        exit(1);
28     }
29
30     struct pollfd pfd[2];                    // 监控两个文件 fd
31
32     pfd[0].fd=fd;                            // 一是监控按键设备
33     pfd[0].events=POLLIN;
34
35     pfd[1].fd=0;                             // 二是监控标准输入
36     pfd[1].events=POLLIN;
37
38     while(1)
39     {
40         ret=poll(pfd, 2, -1);
41         printf("ret=%d\n", ret);
42
43         if(ret > 0)                          // 若监听的设备有事件
44         {
45             if(pfd[0].revents & POLLIN)      // 按键设备可读
46             {
47                 read(pfd[0].fd, &event, sizeof(struct key_event));
48                 if(event.code==KEY_ENTER)
49                 {
50                     if(event.value)
51                     {
52                         printf("key pressed\n");
53                     }else
54                     {
55                         printf("key up\n");
56                     }
57                 }
58             }
59             if(pfd[1].revents & POLLIN)      // 输入设备可读
60             {
61                 fgets(in_buf, 128, stdin);
62                 printf("in_buf=%s\n", in_buf);
63             }
64         }else{
65             perror("poll");
66             exit(1);
67         }
68     }
69
70     close(pfd[0].fd);
71
72     return 0;
73 }
```

代码第30～36行定义了一个pollfd类型的结构体数组pfd，并对该数组中的两个元素进行了初始化。第40行调用poll()函数对两个设备进行监控，如果被监控设备没有一个设备文件可读，那么poll将会一直阻塞，直到按键按下或者键盘有数据输入。代码第45~63行就是判断返回的事件，如果相应的事件发生，就读取数据。

9.4 异步通知

异步通知的全称是“信号驱动的异步I/O”。当设备资源可用时，它才向应用层发信号（SIGIO），而不能直接调用应用层注册的回调函数，并且发信号的操作也是驱动自身来完成的。

和前面的应用程序主动发起I/O请求不同，异步通知是驱动主动通知应用程序，再由应用程序来发起访问。这个过程和中断是非常像的，信号其实相当于应用层的中断。

在驱动中异步通知操作的方法和步骤如下：

① 构造struct fasync_struct链表的头。

② 实现fasync接口函数。调用fasync_helper()函数来构造struct fasync_struct节点，并加入链表。fasync_helper()函数原型如下：

```
int fasync_helper(int fd, struct file * filp, int on, struct fasync_struct **fapp)
```

fasync_helper()函数的作用是将一个fasync_struct的对象注册进内核。参数on是信号类型，通常使用的就是SIGIO；fapp是fasync_struct对象指针的指针。

③ 在资源可用时，调用kill_fasync发送信号，并设置资源可用类型是可读还是可写。

```
void kill_fasync(struct fasync_struct **fp, int sig, int band)
```

其中，参数band为标志，如果资源可读用POLLIN，如果资源可写用POLLOUT。

【例9.4】按键驱动程序——异步通知。

```
    /  key_drv.c  */
10   #include <linux/poll.h>
…
22   struct key_desc{
…
30       wait_queue_head_t  wq_head;
31       struct fasync_struct *faysnc;   //定义 fasync_struct 结构体指针
32   };
…
36   irqreturn_t key_irq_handler(int irqno, void *devid)
37   {
…
53       kill_fasync(&key_dev->faysnc, SIGIO, POLLIN);
54       return IRQ_HANDLED;
55   }
…
107  int key_drv_fasync(int fd, struct file *filp, int on)
108  {
109      return fasync_helper(fd, filp, on, &key_dev->faysnc);
110  }
111
112  const struct file_operations key_fops={
113      .open=key_drv_open,
114      .read=key_drv_read,
```

```
115        .write=key_drv_write,
116        .release=key_drv_close,
117        .fasync=key_drv_fasync,                    // fasync 接口函数
118  };
119…
```

在应用层异步通知实现的步骤：

① 注册信号处理函数（相当于注册中断处理函数）：

```
signal(SIGIO,catch_signale);
```

② 打开设备文件，设置文件属主进程，目的是驱动打开 file 结构，找到对应的进程，从而向该进程发送信号。

```
fcntl(fd, F_SETOWN, getpid());
```

③ 设置设备资源可用时驱动向进程发送的信号（非必需步骤）。

④ 设置文件的 FASYNC 标志，使能异步通知机制，这相当于打开中断使能位。

```
int flags=fcntl(fd, F_GETFL);
fcntl(fd, F_SETFL, flags | FASYNC );
```

应用层异步通知程序代码如下：

```
    /*  key_test.c */
1   #include <stdio.h>
2   #include <string.h>
3   #include <stdlib.h>
4   #include <sys/types.h>
5   #include <sys/stat.h>
6   #include <fcntl.h>
7   #include <unistd.h>
8   #include <poll.h>
9   #include <signal.h>
10
11  struct key_event{
12      int code;
13      int value;
14  };
15
16  #define KEY_ENTER 28
17
18  static int fd;
19  static struct key_event event;
20
21  void catch_signale(int signo)
22  {
23      if(signo==SIGIO)
24      {
25          printf("we got sigal SIGIO\n");
26          read(fd, &event, sizeof(struct key_event));
27          if(event.code==KEY_ENTER)
28          {
29              if(event.value)
```

```
30                {
31                    printf("key pressed\n");
32                }else
33                {
34                    printf("key up\n");
35                }
36            }
37        }
38
39    }
40
41    int main(int argc, char *argv[])
42    {
43        int ret;
44
45        fd = open("/dev/key0", O_RDWR);
46        if(fd < 0)
47        {
48            perror("open");
49            exit(1);
50        }
51        signal(SIGIO,catch_signale);// 将 catch_singnale() 函数注册为信号处理函数
52        fcntl(fd, F_SETOWN, getpid());         // 将当前进程设置成 SIGIO 的属主进程
53        int flags=fcntl(fd, F_GETFL);
54        fcntl(fd, F_SETFL, flags | FASYNC );    // 将 I/O 模式设置成异步模式
55
56        while(1)
57        {
58            printf("I am waiting...\n");       // 可以做其他的事情
59            sleep(1);
60        }
61        close(fd);
62        return 0;
63    }
```

习 题 9

一、选择题

1. 对CPU来说是较大的浪费，一般只有特定场景下才使用的I/O模型是（　　）。
   A. 非阻塞I/O　　B. 阻塞I/O　　C. I/O多路复用　　D. 异步通知
2. 当资源不可用时，驱动就应该立即返回，并用一个错误码来通知应用程序的是（　　）。
   A. 非阻塞I/O　　B. 阻塞I/O　　C. I/O多路复用　　D. 异步通知
3. 可以对多个设备文件进行监控的是（　　）。
   A. 非阻塞I/O　　B. 阻塞I/O　　C. I/O多路复用　　D. 异步通知
4. 驱动主动通知应用程序，再由应用程序来发起访问的是（　　）。
   A. 非阻塞I/O　　B. 阻塞I/O　　C. I/O多路复用　　D. 异步通知
5. 关于阻塞型I/O，说法不正确的是（　　）。

A. 当资源不可用时，进程主动休眠
B. 当资源可用时，由其他内核执行路径唤醒
C. 可以设置超时后被自动唤醒
D. 只会唤醒一个进程

6. I/O 多路复用在（　　）发生阻塞。
A. 驱动的poll接口函数中
B. 驱动的read函数中
C. 驱动的write接口函数中
D. select、poll或epoll系统调用中

7. 关于异步通知说法错误的是（　　）。
A. 类似于中断
B. 可以获取资源的具体状态是可读还是可写
C. 由驱动来启动信号的发送
D. 当打开一个字符设备文件后，异步通知是默认使能的

二、填空题

1. 设备不一定随时都能够给用户提供服务，这就有了资源的________与________两种状态。________和________一起的各种配合就组成了多种I/O模型。
2. 进程以阻塞的方式打开设备文件时，如果资源不可用那么进程会________。
3. Linux支持I/O多路复用的系统调用常见的有________、________、________三种方式。
4. 异步通知是________主动通知________，再由________来发起访问。
5. 异步通知当资源可用时，驱动调用________发送信号。

三、简答题

1. 简述阻塞I/O与非阻塞I/O有何区别。
2. I/O多路复用有何特点？
3. 什么是异步通知？异步通知有何特点？

第 10 章

Linux 设备驱动模型

驱动的开发方法可以分为三种：传统方法、总线方法和设备树方法。传统的驱动开发方法简单，直接将设备信息硬编码在驱动代码中。如果硬件稍有变动，必然要修改驱动代码。这种驱动通用性很差。本章先介绍Linux设备驱动模型，然后引出platform平台设备驱动的实现方法。

本章主要内容：

- 设备驱动模型。
- 平台总线。
- 使用设备树的LED平台驱动。

10.1 设备驱动模型

设备驱动模型其实是Linux内核为了管理硬件上的设备和对应的驱动制定的一套软件体系。设备驱动模型是一个比较抽象、比较广泛的概念。早期Linux内核（2.4版本之前）没有设备驱动模型的概念，随着系统结构演化越来越复杂，Linux内核对设备描述衍生出一般性的抽象描述，形成一个分层体系结构，从而引入了设备驱动模型。

Linux设备驱动模型主要由总线（bus）、设备（device）、驱动（driver）三部分构成，如图10.1所示。通过这三个标准部件，把各种纷繁杂乱的设备归结过来，达到简化设备驱动编写的目的。

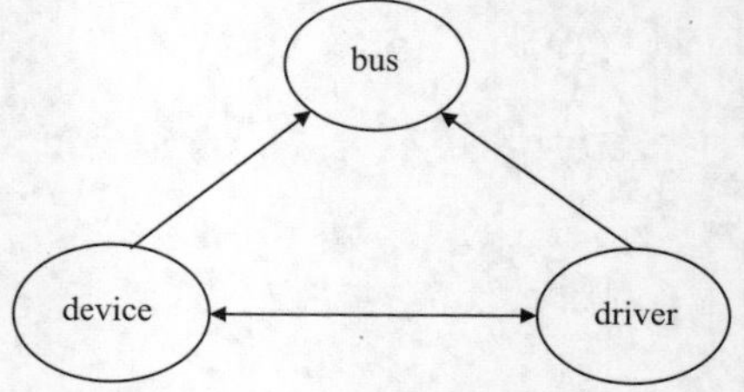

图 10.1　Linux 设备驱动模型

① 总线：是连接处理器和设备之间的桥梁，代表着同类设备需要共同遵循的工作时序，如I^2C总线、USB总线、PCI总线等。设备和驱动通常都需要挂接在一种总线上。

② 设备：是专门用来描述其所占用的资源，代表了真实存在的物理器件。

③ 驱动：是与特定设备相关的软件，负责初始化该设备以及提供一些操作该设备的操作方式；驱动代表操作设备的方式和流程。以应用来说，在程序打开设备时，接着从这个设备读取数据，驱动就是实现应用访问的具体过程。

为了提高驱动的可移植性，Linux把驱动要用到的GPIO和中断等资源剥离给设备去管理。驱动在必要的时候可以从设备中获取相关的资源信息。这样，当设备的资源改变后，只是设备改变，驱动的代码可以不做任何修改，从而大幅提高了驱动代码的通用性。

Linux设备模型为这三种对象各自定义了对应的类：struct bus_type代表总线、struct device代表设备、struct device_driver代表驱动。总线、设备和驱动都继承自同一个基类struct kobject。

1. bus_type结构体（linux/device.h）

bus_type结构体成员较多，其主要成员如下：

```
struct bus_type {
    const char *name;                    // 总线名字
    int (*match)(struct device *dev, struct device_driver *drv);
}
```

2. device结构体

device结构体用来描述设备信息，包括地址、中断号，甚至其他自定义的数据。其主要成员如下：

```
struct device {
    struct kobject kobj;                 // 所有对象的父类
    const char *init_name;               // 在总线中设备的名字，用于做匹配
    struct bus_type *bus;                // 指向该 device 对象依附于总线的对象
    void *platform_data;                 // 自定义的数据，指向任何类型的数据
}
```

3. device_driver结构体

device_driver结构体的主要成员如下：

```
struct device_driver {
    const char *name;                    // 在总线中驱动的名字
    struct bus_type *bus;                // 指该 driver 对象所依附的总线
    int (*probe) (struct device *dev);
                        // 如果 device 和 driver 匹配成功，driver 要调用的函数
    int (*remove) (struct device *dev);
                        // 如果 device 和 driver 从总线移除，driver 要调用的函数
}
```

总线、设备、驱动的工作过程如下：

① 总线管理着两个链表：设备链表和驱动链表。

② 当向内核注册一个驱动时，该驱动便插入到所属总线的驱动链表。

③ 当向内核注册一个设备时，该设备便插入到所属总线的设备链表。

④ 在插入的同时，总线会执行bus_type结构体中的match()方法对新插入的设备/驱动进行匹配。例如，以名字的方式匹配有很多种。

⑤ 匹配成功后，会调用驱动device_driver结构体中的probe()方法。通常在probe()中获取设备资源，具体由开发人员决定。

⑥ 在移除设备或驱动时，会调用device_driver结构体中的remove()方法。

为了更好地理解上述设备驱动模型，下面看一个简单的示例。

【例10.1】总线驱动程序——mybus。

```
    /*  mybus.c  */
1   #include <linux/init.h>
2   #include <linux/module.h>
3   #include <linux/device.h>
4
5   int mybus_match(struct device *dev, struct device_driver *drv)
6   {
```

```
7        //如果匹配成功，match()方法一定要返回一个1，失败返回0
8        if(!strncmp(drv->name, dev->kobj.name, strlen(drv->name)))
                                               //匹配device和driver的名字
9        {
10           printk("match ok\n");
11           return 1;
12       }else{
13           printk("match failed\n");
14           return 0;
15       }
16
17       return 0;
18   }
19
20   struct bus_type mybus={
21       .name="mybus",
22       .match=mybus_match,
23   };
24
25   EXPORT_SYMBOL(mybus);
26
27   static int __init mybus_init(void)
28   {
29       printk("----------%s------------\n", __FUNCTION__);
30       int ret;
31
32       ret=bus_register(&mybus);
33       if(ret != 0)
34       {
35           printk("bus_register error\n");
36           return ret;
37       }
38
39       return 0;
40   }
41
42   static void __exit mybus_exit(void)
43   {
44       printk("----------%s------------\n", __FUNCTION__);
45       bus_unregister(&mybus);
46   }
47
48   module_init(mybus_init);
49   module_exit(mybus_exit);
50   MODULE_LICENSE("GPL");
```

在mybus.c文件中，代码第20～23行定义了一个总线，总线的名字为mybus。用于匹配设备和驱动的函数是mybus_match()函数。在该函数中，若device和driver的名字匹配成功，则返回值为1；若匹配失败，则返回值为0。代码第32行向内核注册了mybus的总线，第45行注销mybus总线。

【例10.2】总线驱动——mydev。

```
    /*  mydev.c  */
1   #include <linux/init.h>
2   #include <linux/module.h>
3   #include <linux/device.h>
4
5   extern struct bus_type mybus;
6
7   struct mydev_desc{
8       char *name;
9       int irqno;
10      unsigned long addr;
11  };
12
13  struct mydev_desc devinfo={
14      .name= "keydev",
15      .irqno=167,
16      .addr=0x11000c20,
17  };
18
19  void    mydev_release(struct device *dev)
20  {
21      printk("----------%s-------------\n", __FUNCTION__);
22  }
23
24  struct device  mydev={
25      .init_name="mydev_drv",
26      .bus=&mybus,
27      .release=mydev_release,
28      .platform_data=&devinfo,
29  };
30
31  static int __init mydev_init(void)
32  {
33      printk("----------%s-------------\n", __FUNCTION__);
34
35      int ret;
36      ret= device_register(&mydev);
37      if(ret < 0)
38      {
39          printk("device_register error\n");
40          return ret;
41      }
42
43      return 0;
44  }
45
46  static void __exit mydev_exit(void)
47  {
48      printk("----------%s-------------\n", __FUNCTION__);
```

```
49        device_unregister(&mydev);
50    }
51
52    module_init(mydev_init);
53    module_exit(mydev_exit);
54    MODULE_LICENSE("GPL");
```

mydev.c代码的第13～17行，定义了一个结构体变量devinfo，并为其成员赋值。第24～29行定义了一个代表设备的mydev对象，该设备的名字为mydev_drv，所属的总线是mybus。这个设备注册时，会挂接在mybus总线之下。还有一个用于释放的函数mydev_release()，为了简便，该函数只打印了函数的名称。同时，将devinfo的地址赋给了platform_data指针，以便在驱动中能获得devinfo中的资源。代码第36行和第49行分别完成设备的注册和注销。

【例10.3】总线驱动——mydrv。

```
    /*  mydrv.c  */
1   #include <linux/init.h>
2   #include <linux/module.h>
3   #include <linux/device.h>
4   #include <linux/io.h>
5
6   struct mydev_desc{
7       char *name;
8       int irqno;
9       unsigned long addr;
10  };
11  struct mydev_desc  *pdesc;
12
13  int mydrv_probe(struct device *dev)
14  {
15      printk("----------%s-------------\n", __FUNCTION__);
16      pdesc=(struct mydev_desc  *)dev->platform_data;
17      printk("name=%s\n", pdesc->name);
18      printk("irqno=%d\n", pdesc->irqno);
19      unsigned long *paddr=ioremap(pdesc->addr, 8);
20
21      return 0;
22  }
23
24  int mydrv_remove(struct device *dev)
25  {
26      printk("----------%s-------------\n", __FUNCTION__);
27      return 0;
28  }
29
30  extern struct bus_type mybus;
31
32  struct device_driver mydrv={
33      .name="mydev_drv",
34      .bus=&mybus,
35      .probe=mydrv_probe,
```

```
36      .remove=mydrv_remove,
37  };
38
39  static int __init mydrv_init(void)
40  {
41      printk("----------%s------------\n", __FUNCTION__);
42      intret;
43      ret=driver_register(&mydrv);
44      if(ret<0)
45      {
46          printk("device_register error\n");
47          return ret;
48      }
49      return 0;
50  }
51
52  static void __exit mydrv_exit(void)
53  {
54      printk("----------%s------------\n", __FUNCTION__);
55      driver_unregister(&mydrv);
56  }
57
58  module_init(mydrv_init);
59  module_exit(mydrv_exit);
60  MODULE_LICENSE("GPL");
```

在mydrv.c中，代码第32～37行定义了一个代表驱动的mydrv对象，该驱动的名字为mydev_drv，所属总线为mybus。注册该驱动时，该驱动会挂接在mybus总线之下。代码第43行和第55行分别是驱动的注册和注销。

从mydev.c和mybus.c可以看出mydev结构体中的init_name成员与mydrv结构体中的name成员字符串（"mydev_drv"）相同，因而两者在mybus总线中可以匹配成功。而一旦两者匹配成功，就会调用mydrv.c中的mydrv_probe()函数，从而获得mydrv中的设备信息，并将其打印出来。

上述代码的编译和测试命令如下：

```
$ sudo insmod mybus.ko
$ ls -l /sys/bus/mybus/
总用量 0
drwxr-xr-x 2 root root    0  4月 26 20:46 devices
drwxr-xr-x 2 root root    0  4月 26 20:46 drivers
-rw-r--r-- 1 root root 4096  4月 26 20:46 drivers_autoprobe
--w------- 1 root root 4096  4月 26 20:46 drivers_probe
--w------- 1 root root 4096  4月 26 20:46 uevent
$ sudo insmod mydev.ko
$ ls -l /sys/bus/mybus/devices/mydev_drv
lrwxrwxrwx 1 root root 0  4月 26 20:50 /sys/bus/mybus/devices/mydev_drv
-> ../../../devices/mydev_drv
$ sudo insmod mydrv.ko
$ ls -l /sys/bus/mybus/drivers/mydev_drv/
总用量 0
```

```
--w------- 1 root root 4096  4月 26 20:53 bind
--w------- 1 root root 4096  4月 26 20:51 uevent
--w------- 1 root root 4096  4月 26 20:53 unbind
$ dmesg
[ 1967.726377] ----------mydev_init-------------
[ 1978.644371] ----------mydrv_init-------------
[ 1978.644388] match ok
[ 1978.644402] ----------mydrv_probe-------------
[ 1978.644405] name = keydev
[ 1978.644407] irqno = 167
```

10.2 平台总线

在Linux中，对于I^2C、SPI、USB这些常见类型的物理总线来说，Linux内核会自动创建与之相应的驱动总线，因此I^2C设备、SPI设备、USB设备自然是注册挂载在相应的总线上。但是，实际项目开发中还有很多结构简单的设备，对它们进行控制并不需要特殊的时序，它们也就没有相应的物理总线，如led、rtc时钟、蜂鸣器、按键等。Linux内核将不会为它们创建相应的驱动总线。

为了使这部分设备的驱动开发也能够遵循设备驱动模型，Linux内核引入了一种虚拟的总线——平台总线（platform bus）。平台总线用于管理、挂载那些没有相应物理总线的设备，这些设备称为平台设备，对应的设备驱动则称为平台驱动。

1. 平台设备

平台设备使用struct platform_device来描述，其主要成员如下：

```
struct platform_device {
    const char          * name;         // 平台设备的名字
    int                 id;             // ID是用来对名字相同的设备进行区分
    struct device       dev;            // 内置的device结构体
    u32                 num_resources;        // 资源结构体数量
    struct resource     *resource;      // 指向一个资源结构体数组
    const struct platform_device_id *id_entry;
                                        // 用来进行与设备驱动匹配用的id_table表
    …
};
```

在平台设备中，最关键的就是设备资源信息的描述，这是实现设备和驱动分离的关键。资源的描述使用struct resource结构体，该结构体的定义如下：

```
struct resource {
    resource_size_t start;              // 资源的起始值，如果是地址，就是物理地址
    resource_size_t end;                // 资源的结束值
    const char *name;                   // 资源名
    unsigned long flags;                // 资源的标志，用来识别不同的资源
    struct resource *parent, *sibling, *child;    // 资源指针，可以构成链表
};
```

在该结构体中，flags是资源的标志，最常见的有如下几种：

① IORESOURCE_MEM：内存资源，也包括IO内存。

② IORESOURCE_IRQ：中断资源。

③ IORESOURCE_DMA：DMA通道资源。

向平台总线注册和注销平台设备的主要函数有：

```
int platform_device_register(struct platform_device *pdev)
                                                        // 注册一个平台设备
void platform_device_unregister(struct platform_device * pdev)
                                                        // 注销一个平台设备
```

2. 平台驱动

平台驱动使用struct platform_driver结构体来描述，它的定义如下：

```
struct platform_driver{
    int (*probe)(struct platform_device *);
    int (*remove)(struct platform_device *);
    void (*shutdown)(struct platform_device *);
    int (*suspend)(struct platform_device *, pm_message_t state);
    int (*resume)(struct platform_device *);
    struct device_driver driver;
    const struct platform_device_id *id_table;
    bool prevent_deferred_probe;
};
```

该结构体的主要成员如下：

① probe：总线发现有匹配的平台设备时调用。

② remove：平台设备被移除时或平台驱动注销时调用。

③ shutdown：电源管理函数，设备掉电时被调用。

④ suspend：电源管理函数，设备挂起时被调用。

⑤ resume：恢复和唤醒设备时被调用。

⑥ id_table：可以驱动的平台设备ID表，可用于和平台设备匹配。

向平台总线注册和注销平台驱动的主要函数如下：

```
int platform_driver_register(struct platform_driver *drv)
void platform_driver_unregister(struct platform_driver *drv)
```

3. 平台设备驱动实例

有了Linux设备模型及平台总线后，就可以将设备的信息用平台设备来实现，这就大幅提高了驱动的通用性。

【例10.4】LED平台总线设备程序——platform_device。

```
    /*  platform_led_dev.c  */
1    #include <linux/init.h>
2    #include <linux/module.h>
3    #include <linux/platform_device.h>
4
5    #define GPX2_CON        0x11000c40
6    #define GPX2_SIZE       8
7
8    #define GPX1_CON        0x11000c20
9    #define GPX1_SIZE       8
```

```
10
11   struct resource led_res[]={   // 一个设备可能有多个资源
12       [0]={
13         .start=GPX2_CON,
14         .end=GPX2_CON + GPX2_SIZE - 1,
15         .flags=IORESOURCE_MEM,
16     },
17      [1]={
18         .start=GPX1_CON,
19         .end=GPX1_CON + GPX1_SIZE - 1,
20         .flags=IORESOURCE_MEM,
21     },
22      [2]={                      // 有些设备也有中断资源，用于说明中断资源的使用
23         .start=67,
24         .end=67,
25         .flags=IORESOURCE_IRQ,
26     },
27   };
28
29   struct platform_device led_pdev = {
30     .name="exynos4412_led",   // 用于做匹配
31     .id=-1,
32     .num_resources=ARRAY_SIZE(led_res),
33     .resource=led_res,
34   };
35
36   static int __init plat_led_dev_init(void)
37   {
38     return platform_device_register(&led_pdev);
39   }
40
41   static void __exit plat_led_dev_exit(void)
42   {
43     platform_device_unregister(&led_pdev);
44   }
45
46   module_init(plat_led_dev_init);
47   module_exit(plat_led_dev_exit);
48   MODULE_LICENSE("GPL");
```

在上述代码中，代码第11～27行定义了一个资源的结构体数组led_res，该数组有三个元素。前两个元素资源类型为 IORESOURCE_MEM，第三个元素资源类型为IORESOURCE_IRQ。第29～34行定义了一个平台设备，设备所使用的资源为led_res。在代码的第38行和第43行，分别实现了这个平台设备的注册和注销。

【例10.5】LED平台总线驱动程序——platform_driver。

```
   /*  platform_led_drv.c  */
1  #include <linux/init.h>
2  #include <linux/module.h>
3  #include <linux/slab.h>
4  #include <linux/fs.h>
```

```
5    #include <linux/device.h>
6    #include <linux/ioport.h>
7    #include <linux/platform_device.h>
8    #include <asm/io.h>
9    #include <asm/uaccess.h>
10
11   struct led_dev{
12      int dev_major;
13      struct class *cls;
14      struct device *dev;
15      struct resource *res;      //获取到的内存资源
16      void *reg_base;
17   };
18   struct led_dev *platform_led;
19
20   ssize_t led_pdrv_write (struct file *filp, const char __user *buf, size_
     t count, loff_t *fpos)
21   {
22      int val,ret;
23
24      ret=copy_from_user(&val, buf, count);
25      if(ret>0)
26      {
27         printk("copy_from_user error\n");
28         return -EFAULT;
29      }
30
31      if(val){
32         writel(readl(platform_led->reg_base+4) | (0x1<<1*7) , platform_
           led->reg_base+4);
33      }else{
34         writel(readl(platform_led->reg_base+4) & ~(0x1<<1*7) , platform_
           led->reg_base+4);
35      }
36
37     return ret;
38   }
39
40   int led_pdrv_open(struct inode *inode, struct file *filp)
41   {
42      printk("-----%s------------\n", __FUNCTION__);
43      return 0;
44
45   }
46   int led_pdrv_close(struct inode *inode, struct file *filp)
47   {
48      printk("-----%s------------\n", __FUNCTION__);
49      return 0;
50   }
51
52   const struct file_operations led_fops={
```

```
53      .open=led_pdrv_open,
54      .release=led_pdrv_close,
55      .write=led_pdrv_write,
56  };
57
58  int led_pdrv_probe(struct platform_device *pdev)
59  {
60      printk("-----%s------------\n", __FUNCTION__);
61      int ret;
62
63      platform_led=kzalloc(sizeof(struct led_dev), GFP_KERNEL);
64      if(platform_led==NULL)
65      {
66          printk("kzalloc errorn\n");
67          return -ENOMEM;
68      }
69
70      platform_led->dev_major=register_chrdev(0, "led_drv", &led_fops);
71      platform_led->cls=class_create(THIS_MODULE, "led_new_cls");
72      platform_led->dev=device_create(platform_led->cls, NULL, MKDEV
73      (platform_led->dev_major, 0),NULL, "led0");
74      platform_led->res=platform_get_resource(pdev, IORESOURCE_MEM, 0);
75      int irqno = platform_get_irq(pdev, 0);
                                     //获取平台设备的第 1 个中断资源（从 0 开始计数）
76      printk("--------irqno=%d\n", irqno);
77      platform_led->reg_base=ioremap(platform_led->res->start,resource_
        size(platform_led->res));
78      writel((readl(platform_led->reg_base) & ~(0xf<<4*7))| (0x1<<4*7) ,
        platform_led->reg_base);
79      return 0;
80  }
81
82  int led_pdrv_remove(struct platform_device *pdev)
83  {
84      printk("-----%s------------\n", __FUNCTION__);
85      iounmap(platform_led->reg_base);
86      device_destroy(platform_led->cls, MKDEV(platform_led->dev_major, 0));
87      class_destroy(platform_led->cls);
88      unregister_chrdev(platform_led->dev_major, "led_drv");
89      kfree(platform_led);
90      return 0;
91  }
92
93  const struct platform_device_id led_id_table[]={
94      {"exynos4412_led", 0x00},
95      {"s5pv210_led", 0x11},
96      {"s3c2410_led", 0x22},
97      {"s3c6410_led", 0x33},
98  };
99
100 struct platform_driver led_pdrv={
```

```
101         .probe=led_pdrv_probe,
102         .remove=led_pdrv_remove,
103         .driver={
104             .name="platform_led_drv",
105         },
106         .id_table=led_id_table,
107     };
108
109     static int __init plat_led_pdrv_init(void)
110     {
111         printk("-----%s------------\n", __FUNCTION__);
112         return platform_driver_register(&led_pdrv);
113     }
114
115     static void __exit plat_led_pdrv_exit(void)
116     {
117         printk("-----%s------------\n", __FUNCTION__);
118         platform_driver_unregister(&led_pdrv);
119     }
120
121     module_init(plat_led_pdrv_init);
122     module_exit(plat_led_pdrv_exit);
123     MODULE_LICENSE("GPL");
```

代码的第93 ~ 98行，定义了一个platform_device_id结构体数组led_id_table[]，用于与平台设备做匹配，这样，一个驱动程序就可以与多个平台设备相匹配。

struct platform_device_id结构体定义如下：

```
struct platform_device_id {
    char name[PLATFORM_NAME_SIZE];          // 用于与平台设备相匹配
    kernel_ulong_t driver_data;             // 驱动数据
};
```

代码第100 ~ 107行，定义了一个名为led_pdrv的平台驱动，并为id_table赋值为led_id_table。第112行和118行分别完成了平台驱动的注册和注销。第74行意味着若平台设备与平台驱动匹配成功，则平台驱动从平台设备中获取到第1个（从0开始计数）IORESOURCE_MEM资源，即GPX2_CON的资源。代码第75行是从平台设备中获取第1个IORESOURCE_IRQ资源。

根据平台总线设备与驱动的程序代码，写出相应的测试程序，代码如下：

```
    /*  led_test.c  */
1   #include <stdio.h>
2   #include <stdlib.h>
3   #include <string.h>
4   #include <sys/types.h>
5   #include <sys/stat.h>
6   #include <fcntl.h>
7   #include <unistd.h>
8
9   int main(int argc, char *argv[])
10  {
```

```
11        int fd;
12        int on =0;
13
14        fd=open("/dev/led0", O_RDWR);
15        if(fd < 0)
16        {
17            perror("open");
18            exit(1);
19        }
20
21        while(1)
22        {
23            on=1;
24            write(fd, &on, 4);
25            sleep(1);
26
27            on=0;
28            write(fd, &on, 4);
29            sleep(1);
30        }
31        close(fd);
32        return 0;
33    }
```

编译和测试代码如下：

```
$ make ARCH=arm
$ arm-none-linux-gnueabi-gcc led_test.c -o led_test
$ cp platform_led_dev.ko platform_led_drv.ko /source/rootfs
# insmod platform_led_dev.ko
# insmod platform_led_drv.ko
# dmesg
[  925.431681] -----plat_led_pdrv_init------------
[  925.431737] -----led_pdrv_probe------------
[  925.432178] --------irqno = 67
# ./led_test
```

观察到实验箱上LED 3闪烁。

10.3 使用设备树的 LED 平台驱动

以前不支持设备树的Linux版本中，用户需要编写platform_device变量来描述设备信息（一般在平台文件中写），然后使用platform_device_register将驱动注册到内核中。不使用时可以通过platform_device_unregister注销掉对应的platform设备。引入设备树以后就不用再定义设备，只需要在设备树中添加一个节点即可。

下面以LED驱动程序为例进行说明，具体步骤如下：

① 在设备树文件中添加相应的LED设备树节点。

```
/*  arch/arm/boot/dts/exynos4412-fs4412.dts  */
fsled@11000c40{
```

```
    compatible="fs4412,fsled";
    reg=<0x11000c40 0x8>;
};
```

② 在驱动中设置匹配表。这里设置匹配表的匹配项只有一项。因该项的compatible值与设备树节点fsled@11000c40的compatible属性值一致，因而两者可匹配成功。

```
static const struct of_device_id fsled_of_matches[]={
    { .compatible="fs4412,fsled", },
    { /* */ }
};
```

③ 定义platform_driver，将匹配表初始化到platform_driver。

```
struct platform_driver led_pdrv={
    .probe=led_pdrv_probe,
    .remove=led_pdrv_remove,
    .driver={
        .name="platform_led_drv",
        .owner=THIS_MODULE,
        .of_match_table=of_match_ptr(fsled_of_matches),
    },
};
```

这里，of_match_ptr宏的作用是当使用设备树时，使用id_table进行匹配，否则其为空。

【例10.6】使用设备树的LED平台总线驱动。

```
  /*  platform_led_drv.c  */
…
66  int led_pdrv_probe(struct platform_device *pdev)
67  {
68      int ret=0;
69      u32 regdata[2];
70      struct device_node *np;
…
84      np=of_find_node_by_path("/fsled@11000c40");    // 在设备树中查找节点
85      if(np==NULL)
86      {
87          printk(KERN_ERR "find node fail!\n");
88          ret=-EINVAL;
89      }
90
91      ret=of_property_read_u32_array(np,"reg",regdata,2);
                                                    // 读取节点的reg属性值
92      if(ret<0)
93      {
94          printk(KERN_ERR "read reg error!\n");
95          ret=-ENOENT;
96      }
97
98      platform_led->reg_base=ioremap(regdata[0], regdata[1]);    // 地址映射
99      writel((readl(platform_led->reg_base) & ~(0xf<<4*7))| (0x1<<1*7) ,
        platform_led->reg_base);
```

```
100      return ret;
101  }
…
114  static const struct of_device_id fsled_of_matches[]={
115      { .compatible = "fs4412,fsled", },
116      { /* */ }
117  };
118
119  struct platform_driver led_pdrv={
120      .probe=led_pdrv_probe,
121      .remove=led_pdrv_remove,
122      .driver={
123          .name="platform_led_drv",
124          .owner=THIS_MODULE,
125          .of_match_table=of_match_ptr(fsled_of_matches),
126      },
127  };
…
```

上述代码的编译和测试方法，与上一节类似，只是不用再加载注册平台设备的模块。设备树和内核及模块是分开编译的，所以若硬件发生变化，则只需要修改设备树并重新编译即可。

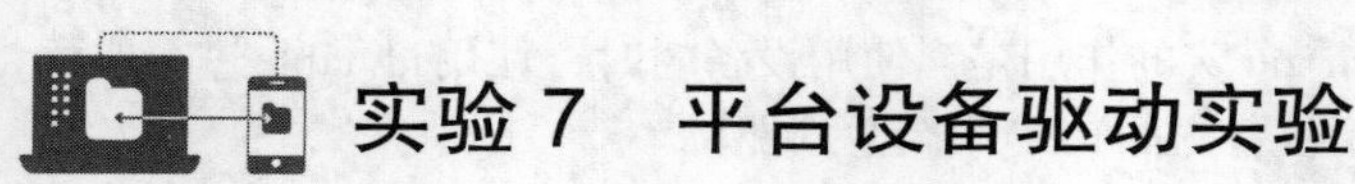

实验 7　平台设备驱动实验

【实验目的】

① 掌握平台总线驱动开发的基本方法。

② 了解设备树的相关知识。

【实验步骤】

① 按照实验1的方法准备实验环境。

② 复制移植好的Linux内核源码并解压缩。

```
$ tar xvf linux-3.14-fs4412.tar.xz
$ cd linux-3.14-fs4412
```

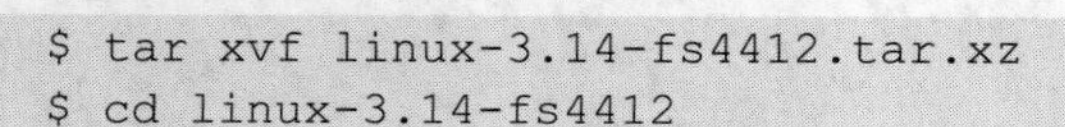

③ 编译内核源码并复制uImage到/tftpboot。

```
$ make uImage
$ cp arch/arm/boot/uImage  /tftpboot/
```

④ 编译设备树并将编译后的设备树文件复制到/tftpboot目录下。

```
$ make dtbs
$ cp arch/arm/boot/dts/exynos4412-fs4412.dtb  /tftpboot
```

⑤ 将创建完成的根文件系统复制的/source目录下，并解压缩。

```
$ tar xvf rootfs.tar.xz
```

⑥ 新建工作目录，并进入工作目录。

```
$ mkdir ~/test03
$ cd ~/test03
```

⑦ 分别新建platform_led_dev.c、platform_led_drv.c与led_test.c，并分别输入代码，如例10.4、例10.5所示。

⑧ 输入完成后保存退出。

⑨ 在当前目录下新建Makefile，输入代码如例5.2所示。根据实际情况修改KERNELDIR与obj-m的值。

```
KERNELDIR?=/home/linux/linux-3.14-fs4412/
…
obj-m +=platform_led_dev.o
obj-m +=platform_led_drv.o
```

⑩ 分别编译驱动和应用程序，并复制到/source/rootfs/目录下。

```
$ make ARCH=arm
$ arm-none-linux-gnueabi-gcc led_test.c -o led_test
$ cp led_test platform_led_dev.ko platform_led_drv.ko /source/rootfs/
```

⑪ 打开PuTTY窗口，启动FS4412实验箱，当实验箱挂载上根文件系统后，运行如下命令：

```
# insmod platform_led_drv.ko
# insmod platform_led_dev.ko
# ./led_test
```

观察实验箱，可以看到LED D3有规律地闪烁。

⑫ 新建test04目录，并进入test04目录。

```
$mkdir ../test04
$ cd ../test04
```

⑬ 新建platform_led_drv.c文件，并输入代码，如例10.6所示。

⑭ 从test03目录下复制led_test.c和Makefile文件到当前目录下。

```
$cp ../test03/led_test.c  ./
$cp ../test03/Makefile  ./
```

⑮ 修改Makefile，根据实际情况修改KERNELDIR与obj-m的值。

```
KERNELDIR ?=/home/linux/linux-3.14-fs4412/
…
obj-m :=platform_led_drv.o
```

⑯ 分别编译平台驱动platform_led_drv.c和应用程序led_test.c，并将编译后的platform_led_drv.ko和led_test复制到/source/rootfs/目录下。

```
$ make ARCH=arm
$ arm-none-linux-gnueabi-gcc led_test.c -o led_test
$ cp platform_led_drv.ko led_test  /source/rootfs/
```

⑰ 进入移植后的Linux内核源码目录，并修改设备树，添加设备树节点。

```
$ cd /home/linux/linux-3.14-fs4412/
$ vim arch/arm/boot/dts/exynos4412-fs4412.dts
//添加设备节点如下:
fsled@11000c40{
    compatible="fs4412,fsled";
    reg=<0x11000c40 0x8>;
};
```

⑱ 重新编译设备树，并将编译完成的设备树文件复制到tftpboot目录下。

```
$ make dtbs
$ cp arch/arm/boot/dts/exynos4412-fs4412.dtb /tftpboot/
```

⑲ 打开PuTTY窗口，启动FS4412实验箱，当实验箱挂载上根文件系统后，运行如下命令：

```
# insmod platform_led_drv.ko
# ./led_test
```

观察实验箱，看LED D3是否闪烁。

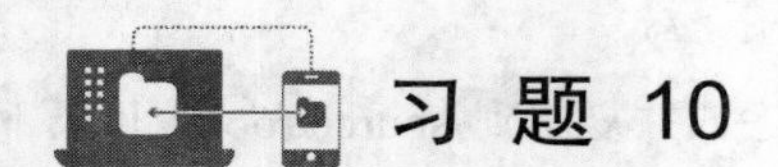

习 题 10

一、填空题

1. 总线是连接________和________之间的桥梁，代表着________需要共同遵循的工作时序。

2. 设备专门用来描述________，代表了真实存在的________。

3. 驱动代表操作设备的________和________。

4. 在平台设备中，最关键的就是________的描述，其描述可用________结构体实现。

二、简答题

1. 设备驱动模型三个重要成员是什么？

2. 简述总线-设备-驱动的工作过程。

3. 书中介绍的platform总线匹配规则有哪些？

第11章

Qt移植与开发

许多嵌入式设备都提供了图形界面。通过图形界面，可以更好地完成人机交互。在嵌入式Linux系统中，有很多的图形库可以使用。本章重点介绍Qt程序库的移植和开发。

本章主要内容：

- Qt移植与集成开发环境安装。
- 编写并运行Qt程序。

11.1 Qt移植与集成开发环境安装

Linux系统本身并没有图形界面，但由于Linux系统的开放特性，让许多图形界面都可以运行在Linux系统下。在嵌入式领域的图形界面主要有MiniGUI、OpenGUI、FLTK、Qt和GtkFB等。Linux内核本身并没有图形处理能力，因而所有Linux系统的图形界面都是作为用户程序运行的。

Qt是一个跨平台的C++图形用户界面应用程序框架，支持Windows、Linux、Mac OS X、Android、iOS、Windows Phone、嵌入式系统等。也就是说，Qt可以同时支持桌面应用程序开发、嵌入式开发和移动开发，覆盖了现有的所有主流平台。使用Qt开发的软件，相同的代码可以在任何支持的平台上编译与运行，而不需要修改源代码。Qt会自动依据平台的不同，表现平台特有的图形界面风格。

11.1.1 Qt移植

Qt作为一个能够在Linux系统下运行的图形库，对它的移植和一般的应用程序的移植并无太多不同，所经过的步骤通常是下载源码、解压源码、配置源码、编译源码和安装等步骤。

Qt的源码可以从其官网上下载。高版本的Qt需要gcc的版本也较高。源码下载完成后，使用下面的命令解压缩。

```
$ tar xvf qt-everywhere-opensource-src-5.4.2.tar.xz
```

解压完成后，进入源码目录，并查看源码配置的帮助信息。

```
$ cd qt-everywhere-opensource-src-5.4.2.tar.xz
$ ./configure -help
```

Qt的配置项很多，这里不一一列出。

复制一份qmake的配置文件，然后编辑新复制的配置文件。

```
$ cp -a qtbase/mkspecs/linux-arm-gnueabi-g++/ qtbase/mkspecs/linux-arm-g++/
$ vim qtbase/mkspecs/linux-arm-g++/qmake.conf
```

将配置文件中所有的arm-linux-gnueabi都替换为arm-linux。

编辑一个自动配置的脚本文件（如config.sh）存放在源码顶层目录下。代码如下：

```
#!/bin/bash
./configure -release \
    -opensource \
    -confirm-license \
    -qt-sql-sqlite \
    -no-sse2 \
    -no-sse3 \
    -no-ssse3 \
    -no-sse4.1 \
    -no-sse4.2 \
    -no-avx \
    -no-avx2 \
    -no-mips_dsp \
    -no-mips_dspr2 \
    -no-pkg-config \
    -qt-zlib \
    -qt-libpng \
    -qt-libjpeg \
    -qt-freetype \
    -no-openssl \
    -qt-pcre \
    -qt-xkbcommon \
    -no-glib \
    -nomake examples \
    -nomake tools \
    -nomake tests \
    -no-cups \
    -no-iconv \
    -no-dbus \
    -xplatform linux-arm-g++ \
    -no-use-gold-linker \
    -qreal float
    exit
```

添加可执行权限，并对Qt源码进行配置。

```
$ sudo chmod 777 config.sh
$ ./config.sh
```

配置完成后，如果没有警告和错误，就可以运行下面的命令进行编译和安装。

```
$ sudo make & make install
```

安装成功后，可以通过以下命令查看：

```
$ ls /usr/local/Qt-5.4.2
bin doc imports include lib mkspecs plugins qml translations
```

将安装好的Qt目录下所有内容复制到实验箱要挂载的根文件系统中。

```
$ cd /source/rootfs/
$ mkdir usr/local/
```

```
$ cp -a /usr/local/Qt-5.4.2 usr/local/
```

打开根文件系统etc目录下的profile文件，添加以下内容：

```
export QTDIR=/usr/loal/Qt5.4.2
export QT_QPA_FONTDIR=$QTDIR/lib/fonts
export QT_QPA_PLATFORM_PLUGIN_PATH=$QTDIR/plugins
export QT_QPA_PLATFORM=linuxfb:fb=/dev/fb0:size=1024x600:tty=/dev/ttysac2
export PATH=$QTDIR/bin:$PATH
export LD_LIBRARY_PATH=$LD_LIBRARY_PATH$QTDIR:QTDIR/lib
```

其中QTDIR环境变量用于指定Qt的路径，QT_QPA_FONTDIR用于指定字体路径。QT_QPA_ PLATFORM_PLUGIN_PATH环境变量用于指定Qt插件的路径，QT_QPA_PLATFORM用于指定Qt的运行平台。linuxfb表示基于Linux的帧缓存，fb用于指定帧缓存设备。size表示显示设备的宽和高（像素值），tty指定非GUI程序使用的tty。

11.1.2　Qt集成开发环境

Qt集成开发环境可以从官网上下载。Qt对不同的平台提供了不同版本的安装包，可根据实际情况自行下载安装。这里以Linux下的32位版本为例进行说明。

下载完成后，在Ubuntu系统中修改权限并执行安装程序。

```
$ chmod u+x qt-creator-opensource-linux-x86-5.4.2.run
$ ./qt-creator-opensource-linux-x86-5.4.2.run
```

程序运行后，按照引导界面进行安装即可，这里不再赘述。

Qt集成开发环境安装完成后，还需要手动添加ARM处理器平台上的构建环境。添加步骤如下：

① 启动Qt Creator，打开Qt Creator启动界面，如图11.1所示。

```
$ ./Qt5.4.2/Tools/QtCreator/bin/qtcreator
```

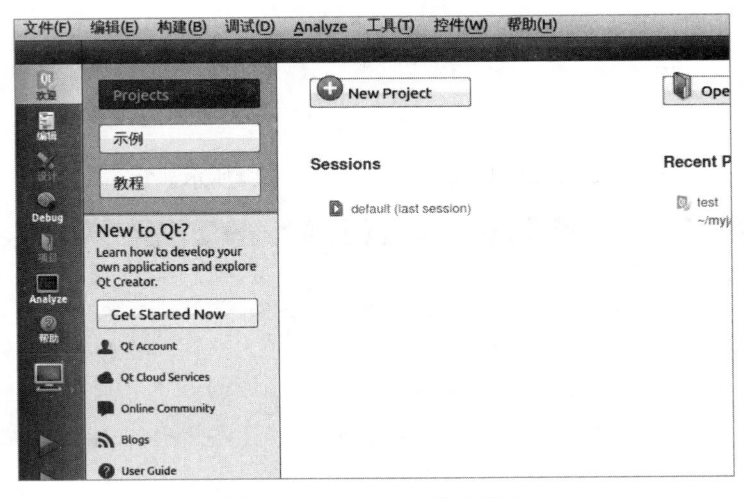

图 11.1　Qt Creator 启动界面

② 选择“工具”→“选项”命令，打开“选项”对话框，如图11.2所示。

③ 选择Qt Versions选项卡，单击“添加”按钮，在打开的对话框中选择qmake工具，如图11.3所示。

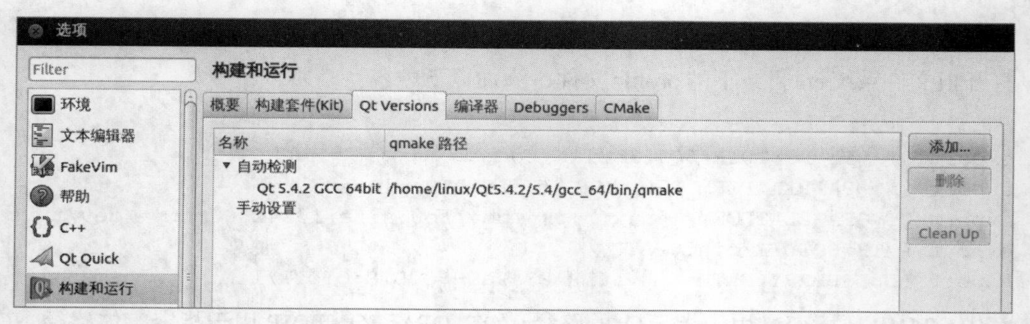

图 11.2 Qt Creator 工具→“选项”对话框

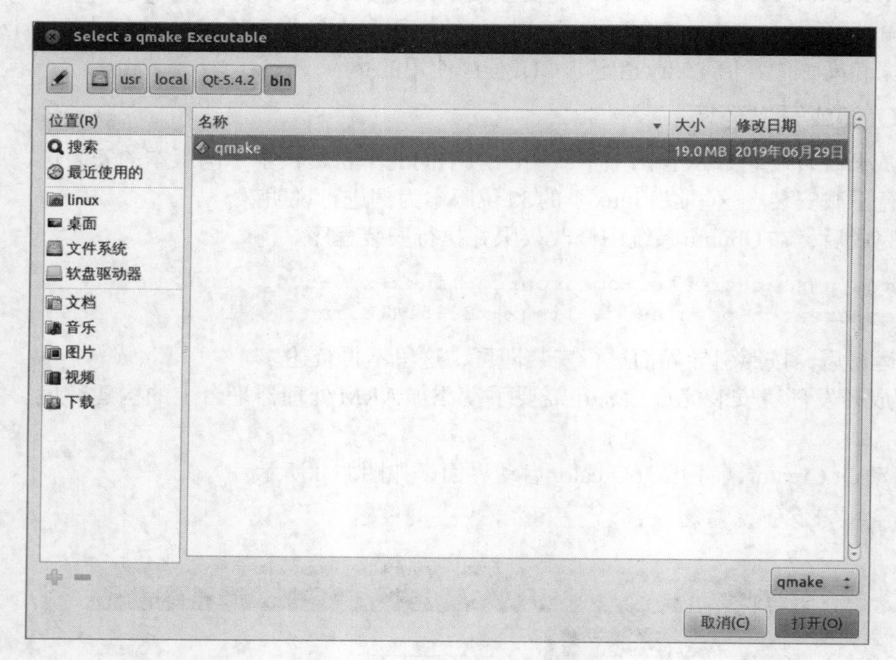

图 11.3 添加 qmake 工具

④ 单击“打开”按钮，qmake工具添加成功，如图11.4所示。

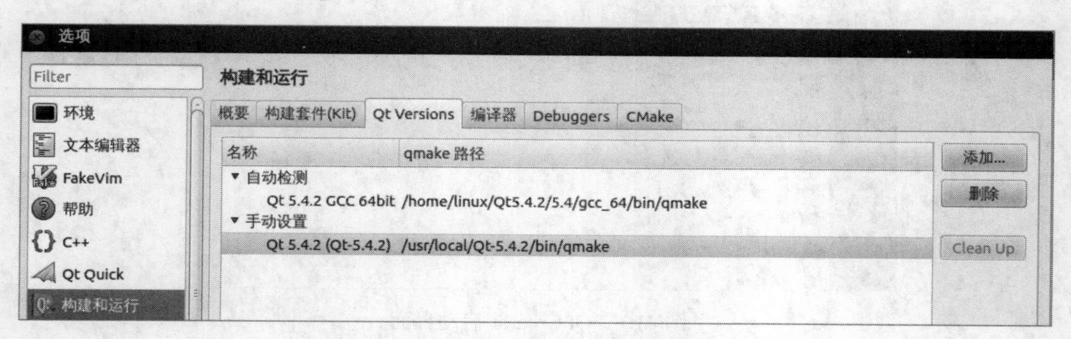

图 11.4 qmake 工具添加成功

⑤ 在图11-4中选择“编译器”选项卡，然后单击“添加”下拉按钮，选择GCC，添加交叉编译工具，如图11.5所示。

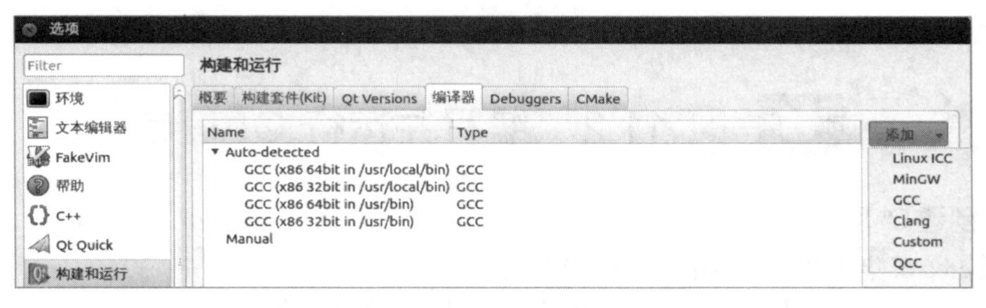

图 11.5　添加交叉编译工具

⑥ 在打开的对话框中设置GCC的名称，选择交叉编译工具的路径，如图11.6所示。

图 11.6　设置交叉编译工具名称和路径

⑦ 选择图11.6中的“构建套件（Kit）”选项卡，然后单击“添加”按钮，如图11.7所示。在打开的对话框中设置套件的名称，选择设备类型和编译器。

图 11.7　“构建套件（Kit）”选项卡

⑧ 单击OK按钮，完成ARM平台的环境搭建。

11.2 编写并运行Qt程序

11.2.1 创建Qt项目

在Qt creator集成开发环境中创建Qt项目的步骤如下：

① 打开Qt Creator界面，单击New Project按钮，或者选择菜单栏中的“文件”→“新建文件或项目”命令。

② 在打开的New Project对话框中，按图11.8所示进行选择，然后单击Choose按钮。

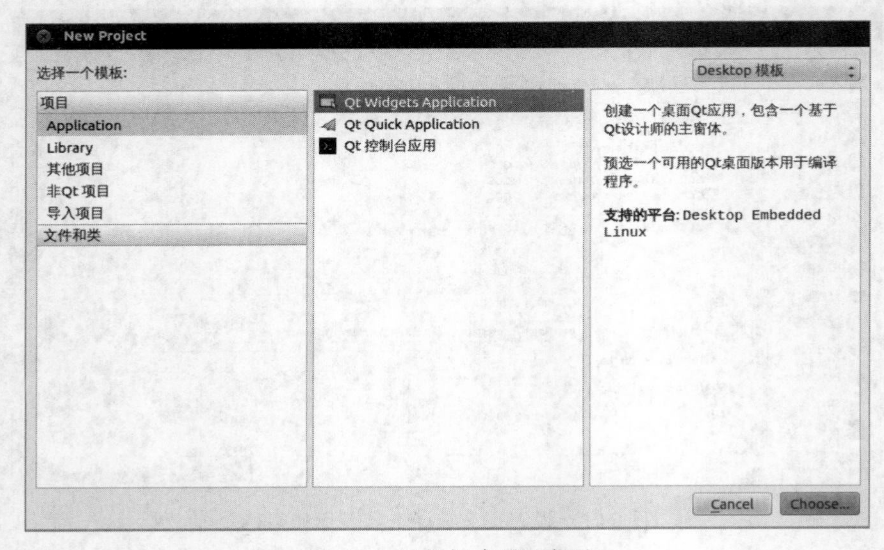

图 11.8 选择新建项目类型

③ 在打开的Qt Widgets Application对话框中设置项目的名称和创建路径，如图11.9所示。

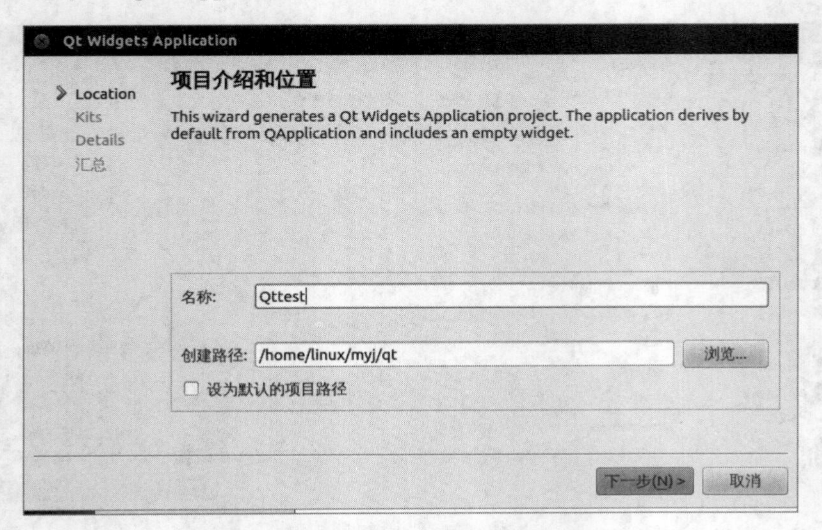

图 11.9 设置项目名称和创建路径

④ 选择构建套件，如图 11.10 所示。

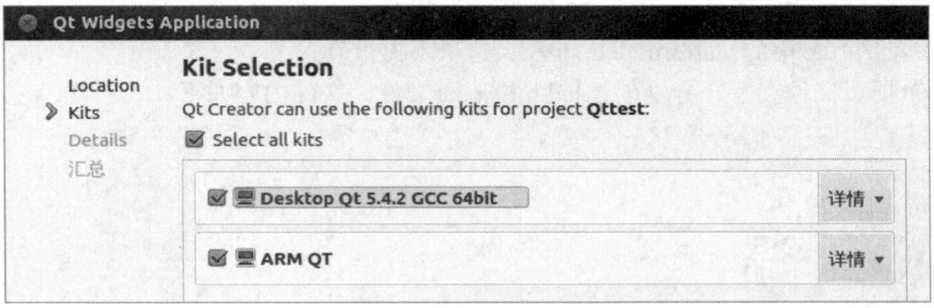

Qt Widgets Application
Kit Selection
Location
Kits
Details
汇总
Qt Creator can use the following kits for project Qttest:
Select all kits
Desktop Qt 5.4.2 GCC 64bit
详情
ARM QT
详情

图 11.10　选择构建套件

⑤ 设置窗口类和文件名称，如图 11.11 所示。

Qt Widgets Application
类信息
Location
Kits
Details
汇总
指定您要创建的源码文件的基本类信息。
类名(C):
MainWindow
基类(B):
QMainWindow
头文件(H):
mainwindow.h
源文件(S):
mainwindow.cpp
创建界面(G):
界面文件(F):
mainwindow.ui

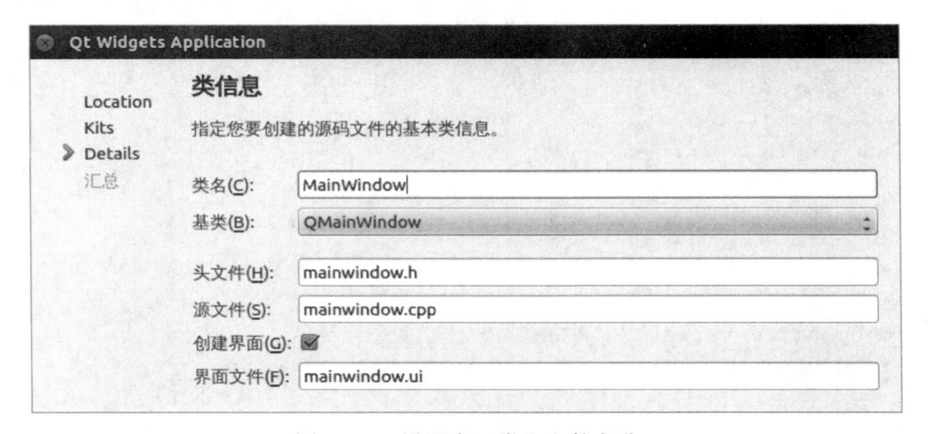

图 11.11　设置窗口类和文件名称

⑥ 查看项目汇总（见图 11.12），最后单击“完成”按钮，完成项目创建。

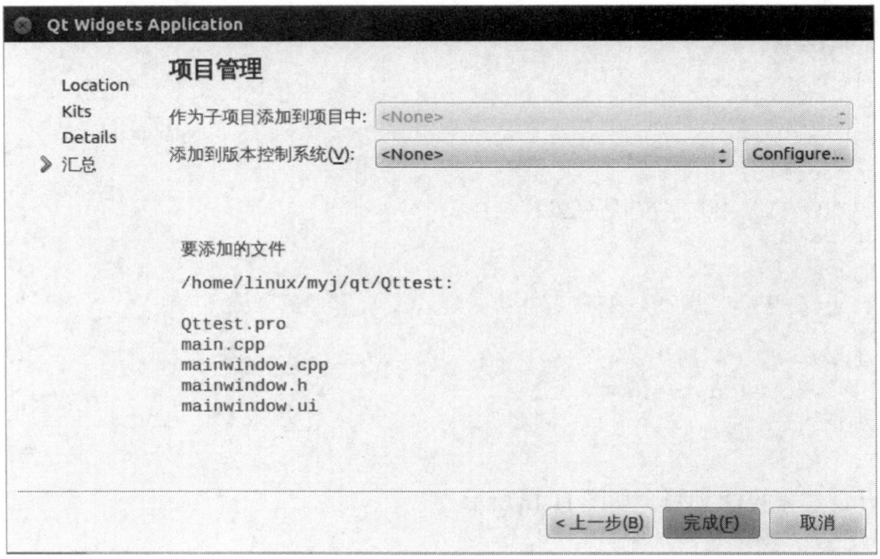

Qt Widgets Application
项目管理
Location
Kits
Details
汇总
作为子项目添加到项目中:
<None>
添加到版本控制系统(V):
<None>
Configure...
要添加的文件
/home/linux/myj/qt/Qttest:
Qttest.pro
main.cpp
mainwindow.cpp
mainwindow.h
mainwindow.ui
< 上一步(B)
完成(F)
取消

图 11.12　查看项目汇总信息

11.2.2 Qt程序实例

下面以FS4412实验箱上的LED D3为例，说明Qt如何控制LED D3亮灭的。LED D3的驱动程序可参考例10.5中的platform_led_drv.c，这里不再重复。

① 在Qt项目文件夹下，分别创建led.h和led.c文件。文件内容如下：

```
/*  led.h  */
#ifndef LED_H
#define LED_H
void led_on(void);
void led_off(void);
#endif
/*  led.c  */
#include <stdio.h>
#include <string.h>
#include <stdlib.h>
#include <sys/types.h>
#include <sys/stat.h>
#include <fcntl.h>
#include <unistd.h>
#include "led.h"
void led_on(void)
{
    int fd;
    int val=1;
    fd=open("/dev/led0",O_RDWR);
    if(fd<0)
    {
        printf("open error!\n");
    }
    else
        write(fd,&val,4);
    close(fd);
}
void led_off(void)
{
    int fd;
    int val=0;
    fd=open("/dev/led0",O_RDWR);
    if(fd<0)
    {
        printf("open error!\n");
    }
    else
        write(fd,&val,4);
    close(fd);
}
```

② 打开创建完的Qt项目，如图11.13所示。

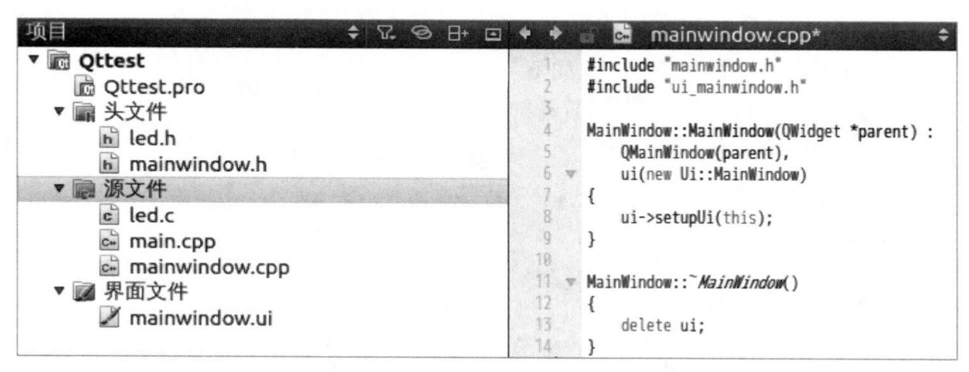

图 11.13　Qt 项目窗口

其中，Qttest.pro 就是 Qttest 项目的工程文件，它是 qmake 自动生成的用于产生 makefile 的配置文件。而 mainwindow.h 与 mainwindow.cpp 则是在创建项目时定义的窗口类和文件名。

在 Qt 项目窗口左侧右击“源文件”，在弹出的快捷菜单中选择“添加现有文件”命令，将 led.c 添加到 Qttest 项目中。同样，右击“头文件”，在弹出的快捷菜单中选择“添加现有文件”命令将 led.h 也添加进来。

③ 双击 mainwindow.h，在 mainwindow.h 文件中添加槽函数的定义。修改如下：

```
#ifndef MAINWINDOW_H
#define MAINWINDOW_H
#include <QMainWindow>
namespace Ui {
class MainWindow;
}
class MainWindow : public QMainWindow
{
    Q_OBJECT

public:
    explicit MainWindow(QWidget *parent = 0);
    ~MainWindow();

public slots:
    void open_led();                        // 槽函数
    void close_led();
private:
    Ui::MainWindow *ui;
};
#endif // MAINWINDOW_H
```

信号槽是 Qt 框架引以为豪的机制之一。所谓信号槽，实际就是观察者模式，当某个事件发生之后（例如，按钮检测到自己被点击了一下），它就会发出一个信号（signal）。这种发出是没有目的的，类似广播。如果有对象对这个信号感兴趣，它就会使用连接（connect）函数，将想要处理的信号和自己的一个函数（称为槽，即 slot）绑定来处理这个信号。也就是说，当信号发出时，被连接的槽函数会自动被回调。这就类似观察者模式：当发生了感兴趣的事件时，某一个操作就会被自动触发。

这里 open_led() 和 close_led() 是两个槽函数，槽函数是普通的成员函数，因此作为成员函数，也会受到public、private等访问控制符的影响。

④ 在mainwindow.cpp中，添加内容如下：

```
1    #include "mainwindow.h"
2    #include "ui_mainwindow.h"
3
4    #include <QPushButton>
5    #include "led.c"
6
7    MainWindow::MainWindow(QWidget *parent) :
8        QMainWindow(parent),
9        ui(new Ui::MainWindow)
10   {
11       ui->setupUi(this);
12       resize(420,270);                        //设置主窗口大小为420×270像素
13       QPushButton *LED_OFF=new QPushButton("led_off",this);
14       QPushButton *LED_ON=new QPushButton("led_on",this);
15       LED_OFF->setGeometry(75,50,75,40);      //设置LED_OFF按钮位置和大小
16       LED_ON->setGeometry(300,50,75,40);      //设置LED_ON按钮位置和大小
17
18       QObject::connect(LED_ON,SIGNAL(clicked(bool)),this,SLOT(open_led()));
19       QObject::connect(LED_OFF,SIGNAL(clicked(bool)),this,SLOT(close_led()));
20   }
21
22   MainWindow::~MainWindow()
23   {
24       delete ui;
25   }
26
27   void MainWindow::open_led()
28   {
29       led_on();
30   }
31
32   void MainWindow::close_led()
33   {
34       led_off();
35   }
```

在上述代码中，因为要在窗口中用到两个PushButton按钮，因而在代码第4行要包含Qt的头文件QPushButton。Qt头文件没有.h扩展名，一个类对应一个头文件，类名就是头文件名。第5行将前面编写的led.c包含进来。代码第13行和第14行，在父对象窗口中创建两个按钮，将两个按钮的内容分别设置为led_off和led_on。第18行代码使用连接函数，接收LED_ON按钮发射的click信号，当有click信号时，回调槽函数open_led()，将LED D3关闭。代码第19行同理。

⑤ 代码输入完成后，选择在PC的构建套件进行编译测试，如图11.14所示。

⑥ 按【Ctrl+R】组合键运行程序，会出现如图11.15所示窗口。由于LED D3驱动程序尚未加载，因而单击两个按钮，看不到任何效果。

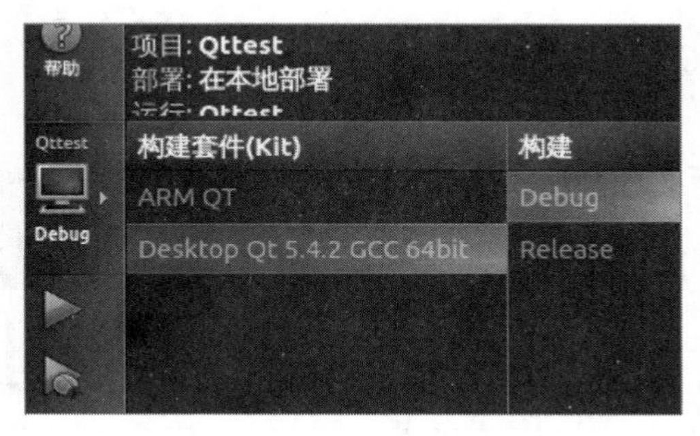

图 11.14　选择构建套件

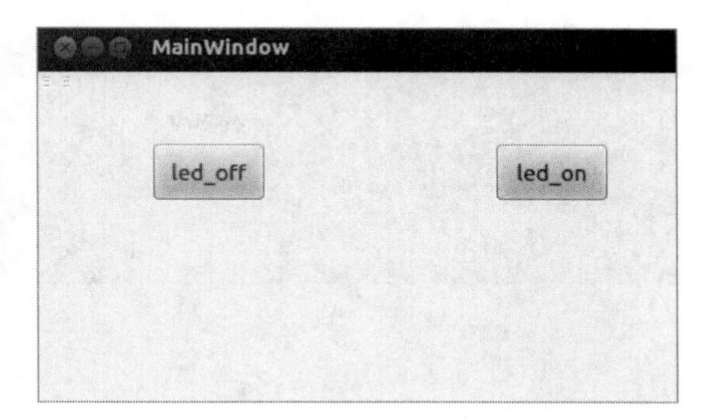

图 11.15　PC 上运行结果

⑦ 测试成功后，重新选择 ARM QT 构建套件，按【Ctrl+B】组合键，重新构建，即可完成交叉编译。编译成功后，在项目的同级目录下会生成一个 build-Qttest-ARM_QT-Debug 目录，将该目录下的可执行程序复制到根文件系统中。

```
$ cd build-Qttest-ARM_QT-Debug/
S cp Qttest /source/rootfs/
```

⑧ 将实验箱接上 USB 键盘和鼠标，启动实验箱，挂载 NFS 根文件系统。加载 LED D3 驱动程序，运行 Qt 程序观察运行结果。

```
# insmod platform_ledtree_drv.ko
# ./Qttest -plugin evdevmouse:/dev/input/event1 -plugin evdevkeyboard:/
dev/input/event2
```

在命令行中通过 evdevmouse 指定了鼠标设备，通过 evdevkeyboard 指定了键盘设备。这些设备的路径需要根据系统的实际情况而定。

习 题 11

填空题

1. Qt是一个________的________图形用户界面应用程序框架。

2. ________是Qt框架引以为豪的机制之一。当信号发出时，被连接的________会自动被回调。

第12章 综合实例

本章综合前面所学内容，结合FS4412实验箱的硬件资源，开发一个环境温湿度的综合监测系统——DHT11。

本章主要内容：

• DHT11工作原理。
• DHT11驱动编程。
• DHT11应用程序开发。

12.1 DHT11工作原理

DHT11数字温湿度传感器是一款含有已校准数字信号输出的温湿度复合传感器。它应用专用的数字模块采集技术和温湿度传感技术，确保产品具有极高的可靠性与卓越的长期稳定性。传感器包括一个电阻式感湿元件和一个NTC测温元件，并与一个高性能8位单片机相连接。因此，该产品具有品质卓越、超快响应、抗干扰能力强、性价比极高等优点。DHT11采用了单线制串行接口，可实现双向数据传输。由于DHT11体积小、功耗低，使其成为各类应用甚至最为苛刻的应用场合的最佳选择。DHT11外观及引脚如图12.1所示。

DHT11与MCU典型连接电路如图12.2所示。

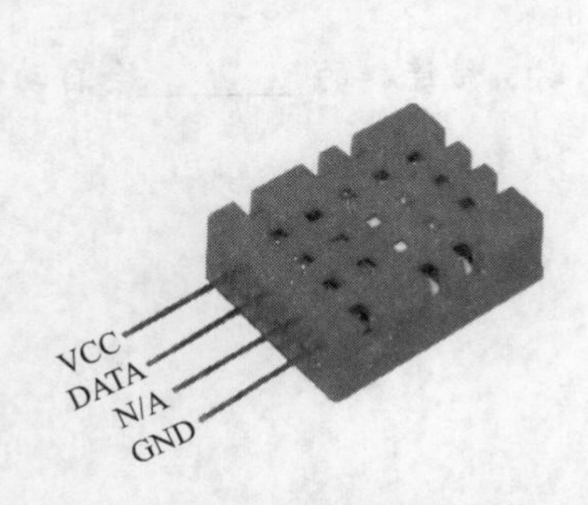

图12.1 DHT11外观及引脚

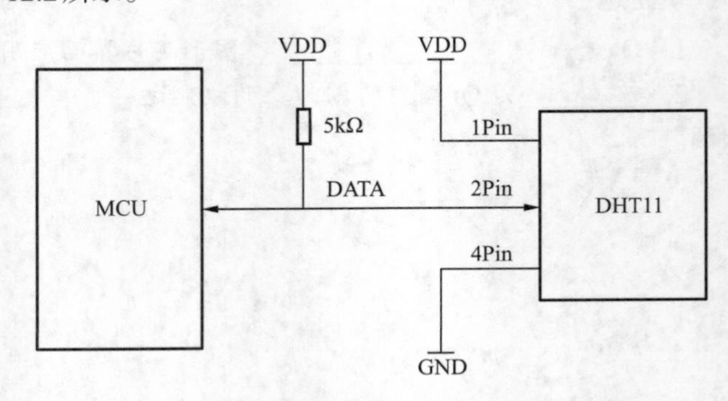

图12.2 DHT11与MCU典型连接电路

DHT11数据传输格式如下：

8 bit湿度整数数据+8 bit湿度小数数据+8 bit温度整数数据+8 bit温度小数数据+8 bit校验和

DHT11通信时序如图12.3所示。

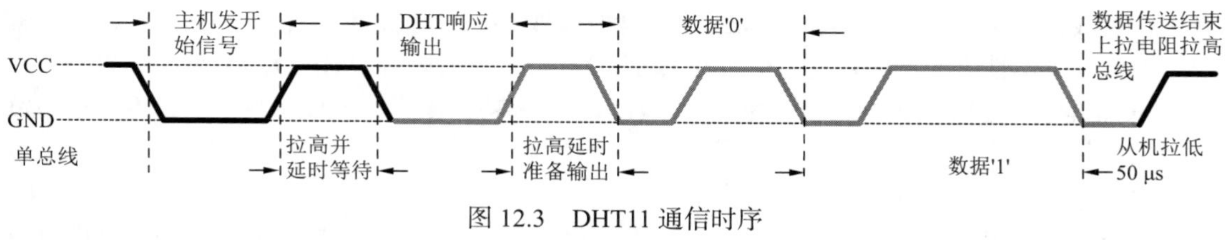

图 12.3　DHT11 通信时序

主机信号　DHT 信号

DHT11驱动过程如下：

① MCU发送开始信号。

- 总线空闲状态为高电平，主机把总线拉低等待DHT11响应。
- 与MCU相连的SDA数据引脚置为输出模式。
- 主机把总线拉低至少18 ms，然后拉高20 ~ 40 μs等待DHT返回响应信号。

② 读取DHT11响应。

- SDA数据引脚设为输入模式。
- DHT11检测到起始信号后，会将总线拉低80 μs，然后拉高80 μs作为响应。

③ DHT11送出40 bit数据。

12.2　DHT11 驱动编程

1. 查看电路图，创建设备树节点

通过查看实验箱的底板原理图与核心板原理图，可知DHT11的DATA引脚与Exynos 4412的GPK3_4引脚相连接。因而在移植后的内核源码设备树文件中修改dht11节点内容如下：

```
$ vim  arch/arm/boot/dts/exynos4412-fs4412.dts
dht11{
    compatible="fs4412,dht11";
    dht11_data_pin=<&gpk3 4 1>;
};
```

在该设备树节点中，dht11_data_pin属性值&gpk3表示CPU引脚的分组信息，4表示GPIO控制器的引脚编号，这两者结合，意味着DHT11连接到Exynos 4412的GPK3_4引脚。1表示高电平有效。关于设备树中更多引脚说明，可查阅内核中的帮助文档（document/devicetree/bindings/pinctrl/ samsung-pinctrl.txt）。

2. GPIO子系统

GPIO子系统是指一套可以读取设备树引脚信息的函数。对于驱动开发人员，设置好设备树以后就可以使用GPIO子系统提供的API函数来操作指定的GPIO。GPIO子系统向驱动开发人员屏蔽了具体的读/写寄存器过程。GPIO子系统提供的常用的API函数有以下几个：

（1）of_get_named_gpio()函数

该函数用于获取GPIO编号。Linux内核中关于GPIO的API函数都要使用GPIO编号，该函数会将设备树中类似<&gpk3 4 1>的属性信息转换为对应的GPIO编号。该函数原型如下：

```
int of_get_named_gpio(struct device_node *np, const char *propname, int
index)
```

其中，参数np表示设备节点；propname为包含要获取GPIO信息的属性名；index表示GPIO索引。因为一个属性里面可能包含多个GPIO，此参数指定要获取哪个GPIO的编号，如果只有一个GPIO信息则此参数为0。返回值为正值，表示获取成功（该值即为GPIO编号），返回值为负值，表示获取失败。

（2）gpio_request()函数

该函数用于申请一个GPIO引脚，在使用一个GPIO之前一定要使用gpio_request()进行申请。函数原型如下：

```
int gpio_request(unsigned gpio, const char *label)
```

在该函数中，参数gpio为申请的gpio编号，申请成功，返回值为0。

（3）gpio_free()函数

如果不使用某个GPIO，就可以调用gpio_free()函数进行释放。函数原型如下：

```
void gpio_free(unsigned gpio)
```

其中，参数gpio表示要释放的gpio编号。

（4）gpio_direction_input()函数

该函数用于设置某个GPIO为输入。函数原型如下：

```
int gpio_direction_input(unsigned gpio)
```

其中，参数gpio是要设置为输入的GPIO编号。返回值为0表示设置成功；返回值为负表示设置失败。

（5）gpio_direction_output()函数

该函数用于设置某个GPIO为输出，并且设置默认输出值。函数原型如下：

```
int gpio_direction_output(unsigned gpio, int value)
```

其中，参数gpio是要设置为输出的GPIO编号，value是GPIO的默认输出值。返回值为0表示设置成功；返回值为负表示设置失败。

（6）gpio_get_value()函数

该函数用于获取某个GPIO的值（0或1）。该函数是个宏，其定义如下：

```
#define gpio_get_value __gpio_get_value
int __gpio_get_value(unsigned gpio)
```

返回值为负，表示获取失败；非负值，表示获取成功。

3. DHT11驱动程序源码

根据DHT11的电路连接信息与读/写时序，可写出DHT11的驱动程序代码如下：

```
/*  DHT11_platform.c  */
1   #include <linux/init.h>
2   #include <linux/module.h>
3   #include <linux/fs.h>
4   #include <linux/cdev.h>
5   #include <linux/uaccess.h>
6
7   #include <linux/types.h>
8   #include <linux/kernel.h>
9   #include <linux/delay.h>
```

```
10  #include <linux/ide.h>
11  #include <linux/errno.h>
12  #include <linux/gpio.h>
13  #include <asm/mach/map.h>
14  #include <linux/of.h>
15  #include <linux/of_address.h>
16  #include <linux/of_gpio.h>
17  #include <asm/io.h>
18  #include <linux/device.h>
19  #include <linux/platform_device.h>
20
21  #define DEV_NAME "dht11"
22
23  typedef struct
24  {
25      uint8_t  humi_int;          //湿度的整数部分
26      uint8_t  humi_deci;         //湿度的小数部分
27      uint8_t  temp_int;          //温度的整数部分
28      uint8_t  temp_deci;         //温度的小数部分
29      uint8_t  check_sum;         //校验和
30
31  } DHT11_Data_TypeDef;
32
33  static dev_t dht11_devno;
34  struct class *class_dht11;
35  struct device *device;
36  struct device_node *dht11_device_node;
37
38  int dht11_data_pin;
39  DHT11_Data_TypeDef DHT11_Data;
40
41  uint8_t DHT11_ReadByte(void)
42  {
43      uint8_t i, temp=0;
44      int cnt=0;
45
46      for(i=0;i<8;i++)
47      {
48          while(gpio_get_value(dht11_data_pin)==0 && cnt<60)
49          {
50              cnt++;
51              udelay(1);
52          }
53          cnt=0;
54          udelay(40);
55
56          if(gpio_get_value(dht11_data_pin))
57          {
58              while(gpio_get_value(dht11_data_pin) && cnt<50)
59              {
60                  cnt++;
```

```
61                  udelay(1);
62              }
63              temp|=(uint8_t)(0x01<<(7-i));
64          }
65          else
66          {
67              temp&=(uint8_t)~(0x01<<(7-i));
68          }
69      }
70
71      return temp;
72  }
73
74  uint8_t DHT11_Read_TempAndHumidity(DHT11_Data_TypeDef *DHT11_Data)
75  {
76      int cnt=0;
77
78      printk(KERN_ERR"DHT11_Read_TempAndHumidity!\n");
79      gpio_direction_output(dht11_data_pin, 0);
80      mdelay(18);
81      gpio_direction_output(dht11_data_pin, 1);
82
83      udelay(30);
84      gpio_direction_input(dht11_data_pin);
85      if(gpio_get_value(dht11_data_pin)==0)
86      {
87          while(gpio_get_value(dht11_data_pin)==0 && cnt<100)
88          {
89              cnt++;
90              udelay(1);
91          }
92          cnt=0;
93          while(gpio_get_value(dht11_data_pin) && cnt<100)
94          {
95              cnt++;
96              udelay(1);
97          }
98          DHT11_Data->humi_int=DHT11_ReadByte();
99          DHT11_Data->humi_deci=DHT11_ReadByte();
100         DHT11_Data->temp_int=DHT11_ReadByte();
101         DHT11_Data->temp_deci=DHT11_ReadByte();
102         DHT11_Data->check_sum=DHT11_ReadByte();
103         gpio_direction_output(dht11_data_pin, 1);
104
105         printk("humi: %d.%d, temp: %d.%d,check:%d\n",DHT11_Data->humi_int,\
106         DHT11_Data->humi_deci,DHT11_Data->temp_int,DHT11_Data->temp_
            deci,DHT11_Data->check_sum);
107
108         if(DHT11_Data->check_sum==DHT11_Data->humi_int+DHT11_Data->humi_
            deci+DHT11_Data->temp_int+DHT11_Data->temp_deci)
109             return 0;
```

```
110          else {
111              printk(KERN_ERR "ERROR data check failed!\n");
112              return -1;
113          }
114
115      }
116      else
117      {
118          printk(KERN_ERR "ERROR unresponsive!\n");
119          return -1;
120      }
121
122  }
123
124  static int dht11_chr_dev_open(struct inode *inode, struct file *filp)
125  {
126      printk("\n open form driver \n");
127      return 0;
128  }
129
130  static ssize_t dht11_chr_dev_write(struct file *filp, const char __user
     *buf, size_t cnt, loff_t *offt)
131  {
132      unsigned char write_data;
133      int error=copy_from_user(&write_data, buf, cnt);
134      if(error<0) {
135          return -1;
136      }
137      return 0;
138  }
139
140  ssize_t dht11_chr_dev_read(struct file *filp, char __user *buf, size_t
     count, loff_t *fops)
141  {
142      int size=sizeof(DHT11_Data_TypeDef);
143      printk(KERN_ERR " count: %d, fops: %d\n", count, *fops);
144      printk(KERN_ERR "--------%s---------\n",__func__);
145
146      if( DHT11_Read_TempAndHumidity ( & DHT11_Data )!=0)
147      {
148          printk(KERN_ERR "Read DHT11 ERROR!\r\n");
149      }
150      else
151      {
152          if(copy_to_user(buf, &DHT11_Data, size)!=0)
153          {
154              printk(KERN_ERR " copy failed\n");
155          }
156      else
157              printk(KERN_ERR " copy successed\n");
158      }
```

```
159
160      return count;
161  }
162
163  static struct file_operations  dht11_chr_dev_fops=
164  {
165      .owner=THIS_MODULE,
166      .open=dht11_chr_dev_open,
167      .write=dht11_chr_dev_write,
168      .read=dht11_chr_dev_read,
169  };
170
171  static int dht11_probe(struct platform_device *pdv)
172  {
173      int ret=0;
174      printk(KERN_EMERG "\t  match successed  \n");
175      dht11_device_node=of_find_node_by_path("/dht11");
176      if(dht11_device_node==NULL)
177      {
178          printk(KERN_EMERG "\t  get dht11 failed!  \n");
179      }
180
181      dht11_data_pin=of_get_named_gpio(dht11_device_node, "dht11_data_pin", 0);
182      printk("dht11_data_pin=%d\n ", dht11_data_pin);
183      ret=gpio_request(dht11_data_pin, "DQ_OUT");
184      if(ret==0)
185      {
186          printk(KERN_ERR "gpio request success\n");
187      }
188      else
189      {
190          printk(KERN_ERR "gpio request failed \n");
191
192      }
193
194      gpio_direction_output(dht11_data_pin, 1);
195
196      dht11_devno=register_chrdev(0, DEV_NAME,&dht11_chr_dev_fops);
197      if(dht11_devno< 0){
198          printk("register dht11 failed\n");
199          goto register_err;
200      }
201      class_dht11=class_create(THIS_MODULE, DEV_NAME);
202      if(class_dht11==NULL)
203      {
204          printk(KERN_ERR"class creat failed\n");
205          goto add_class;
206      }
207      /*创建字符设备节点*/
208      device=device_create(class_dht11, NULL,MKDEV(dht11_devno,0), NULL, DEV_NAME);
209      if(device==NULL)
```

```
210     {
211         printk(KERN_ERR"device creat failed\n");
212         goto add_device;
213     }
214     return 0;
215 
216 add_device:
217     class_destroy(class_dht11);
218     printk(KERN_EMERG "\t  delete class successed! \n");
219 add_class:
220     unregister_chrdev(dht11_devno,  DEV_NAME);
221     printk(KERN_EMERG"\n unregister dev_no ok! \n");
222 register_err:
223     return -1;
224 }
225 
226 int  dht11_remove(struct platform_device *dht11_dev)
227 {
228     printk(KERN_EMERG"release sources begin!\n");
229     gpio_free(dht11_data_pin);
230     device_destroy(class_dht11,MKDEV(dht11_devno,0));
231     class_destroy(class_dht11);
232     unregister_chrdev(dht11_devno,DEV_NAME);
233     printk(KERN_EMERG"The resource is released!\n");
234     return 0;
235 }
236 
237 static const struct of_device_id dht11[]={
238 { .compatible="fs4412,dht11"},
239     { /* sentinel */ }
240 };
241 
242 struct platform_driver dht11_platform_driver={
243     .probe=dht11_probe,
244     .remove=dht11_remove,
245     .driver={
246         .name="dht11-platform",
247         .owner=THIS_MODULE,
248         .of_match_table=dht11,
249     }
250 };
251 
252 static int __init dht11_platform_driver_init(void)
253 {
254     int DriverState;
255     DriverState=platform_driver_register(&dht11_platform_driver);
256     printk(KERN_EMERG "\tDriverState is %d\n",DriverState);
257     return 0;
258 }
259 
260 static void __exit dht11_platform_driver_exit(void)
```

```
261 {
262
263     printk(KERN_EMERG "dht11 module exit!\n");
264     platform_driver_unregister(&dht11_platform_driver);
265 }
266
267 module_init(dht11_platform_driver_init);
268 module_exit(dht11_platform_driver_exit);
269 MODULE_LICENSE("GPL");
```

驱动程序说明:

在上述驱动程序代码的第242～250行，定义了一个平台驱动的结构体dht11_platform_driver。代码第255行完成平台驱动的注册。平台驱动注册完成，匹配到设备树中的dht11节点，进而调用dht11_probe()函数。

在dht11_probe()函数中，第175行代码完成设备树节点dht11的查找，第181行则通过调用of_get_named_gpio()函数获取到GPK3_4的GPIO编号，并将该GPIO编号赋予整型变量dht11_data_pin。第183行完成了一个GPIO引脚的申请。代码的第194行，将dht11_data_pin所代表的GPIO设置为输出状态。

函数DHT11_ReadByte()与函数DHT11_Read_TempAndHumidity()分别完成一个字节数据的读取和DHT11传感器温湿度数据帧的读取。

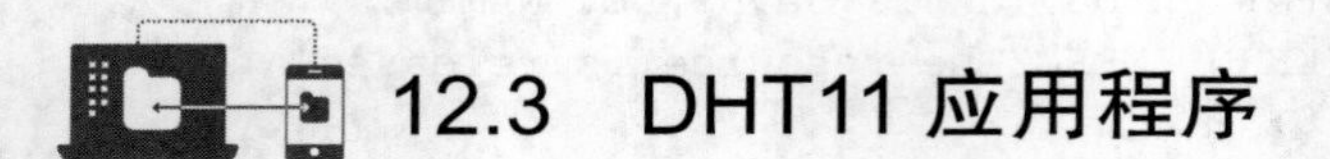

12.3 DHT11 应用程序

12.3.1 C应用程序

DHT11的C应用程序代码如下:

```
/*  DHT11_test.c  */
1    #include <stdio.h>
2    #include <sys/types.h>
3    #include <sys/stat.h>
4    #include <unistd.h>
5    #include <fcntl.h>
6    #include <stdlib.h>
7    #include <stdint.h>
8    #include <strings.h>
9
10   struct DHT_structure{
11       uint8_t humi_int;
12       uint8_t humi_deci;
13       uint8_t temp_int;
14       uint8_t temp_deci;
15       uint8_t check_sum;
16   };
17
18   struct DHT_structure DHT11_data;
19
20   int main(void)
21   {
22       int ret=-1,fd=-1;
```

```
23
24      fd=open("/dev/dht11", O_RDWR);
25      if(fd<0){
26          perror("open failed !\n");
27          exit(1);
28      }
29
30      bzero(&DHT11_data, sizeof(DHT11_data));
31      while(1)
32      {
33          ret=read(fd, &DHT11_data, sizeof(DHT11_data));
34          if(ret<0){
35
36          perror("read failed !\n");
37          exit(1);
38          }
39          printf("humi: %d.%d, temp: %d.%d\n",DHT11_data.humi_int,\
40                  DHT11_data.humi_deci,DHT11_data.temp_int,DHT11_data.temp_deci);
41          sleep(1);
42      }
43
44      if(close(fd)<0){
45          perror("close failed !\n");
46          exit(1);
47      }
48
49      return 0;
50  }
```

上述代码比较简单，这里不再赘述。DHT11实验效果如图12.4所示。

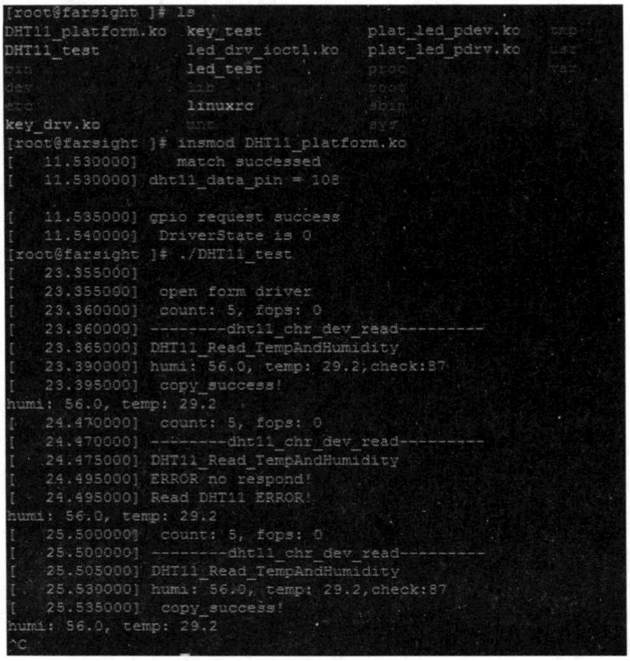

```
[root@farsight ]# ls
DHT11_platform.ko  key_test            plat_led_pdev.ko   tmp
DHT11_test         led_drv_ioctl.ko    plat_led_pdrv.ko   usr
bin                led_test            proc               var
dev                lib                 root
etc                linuxrc             sbin
key_drv.ko         mnt                 sys
[root@farsight ]# insmod DHT11_platform.ko
[   11.530000]    match successed
[   11.530000] dht11_data_pin = 108

[   11.535000] gpio request success
[   11.540000]  DriverState is 0
[root@farsight ]# ./DHT11_test
[   23.355000]
[   23.355000]  open form driver
[   23.360000]  count: 5, fops: 0
[   23.360000] ---------dht11_chr_dev_read---------
[   23.365000] DHT11_Read_TempAndHumidity
[   23.390000] humi: 56.0, temp: 29.2,check:87
[   23.395000]  copy_success!
humi: 56.0, temp: 29.2
[   24.470000]  count: 5, fops: 0
[   24.470000] ---------dht11_chr_dev_read---------
[   24.475000] DHT11_Read_TempAndHumidity
[   24.495000] ERROR no respond!
[   24.495000] Read DHT11 ERROR!
humi: 56.0, temp: 29.2
[   25.500000]  count: 5, fops: 0
[   25.500000] ---------dht11_chr_dev_read---------
[   25.505000] DHT11_Read_TempAndHumidity
[   25.530000] humi: 56.0, temp: 29.2,check:87
[   25.535000]  copy_success!
humi: 56.0, temp: 29.2
^C
```

图 12.4　DHT11 实验效果

12.3.2 Qt应用程序

在Linux系统中启动Qt Creator，按11.2节所示方法新建一个Qt工程项目DHT11，并在DHT11项目中添加dht11.h与dht11.c两个文件，如图12.5所示。

图12.5 DHT11项目

dht11.h的代码如下：

```
/*  dht11.h  */
1  #ifndef DHT11_H
2  #define DHT11_H
3
4  struct DHT_structure{
5      uchar humi_int;
6      uchar humi_deci;
7      uchar temp_int;
8      uchar temp_deci;
9      uchar check_sum;
10 };
11 struct DHT_structure DHT11_data;
12
13 void dht11_open(void);
14 void dht11_close(void);
15 void dht11_read(void);
16 void dht11_clear(void);
17
18 #endif // DHT11_H
```

dht11.c的代码如下：

```
/*  dht11.c  */
1  #include <sys/types.h>
2  #include <sys/stat.h>
3  #include <fcntl.h>
4  #include <stdio.h>
5  #include <error.h>
6  #include <stdlib.h>
7  #include <unistd.h>
8  #include <strings.h>
9
10 #include"dht11.h"
```

```
11 int fd=-1;
12
13 void dht11_open(void)
14 {
15     fd=open("dev/dht11",O_RDWR);
16     if(fd<0){
17         perror("open failed !\n");
18         exit(1);
19     }
20 }
21
22 void dht11_close(void)
23 {
24     if(fd<0){
25         perror("open failed !\n");
26         exit(1);
27     }
28     else{
29         close(fd);
30     }
31 }
32
33 void dht11_read(void)
34 {
35     int ret;
36     ret=read(fd, &DHT11_data, sizeof(DHT11_data));
37     if(ret<0){
38
39         perror("read failed !\n");
40         exit(1);
41     }
42 }
43 void dht11_clear(void)
44 {
45     bzero(&DHT11_data, sizeof(DHT11_data));
46 }
```

dht11.c中包含了四个函数，便于槽函数分别调用。

在项目窗口双击mainwindow.ui，打开图形化设计界面，分别添加两个Label控件temperature、humidity、两个Line Edit控件和四个Push Button控件。添加完成后的UI界面如图12.6所示。

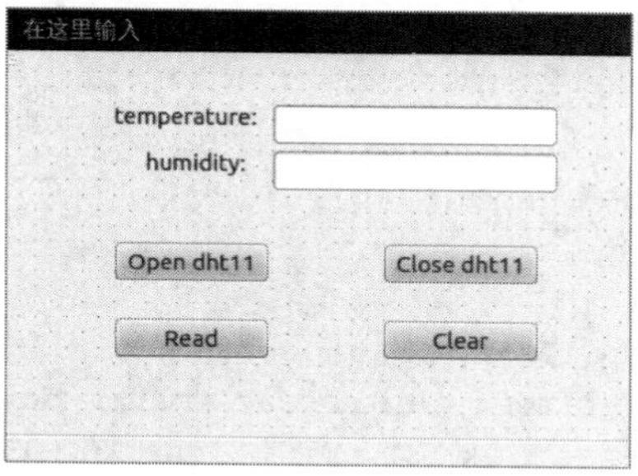

在这里输入

temperature:
humidity:

Open dht11　Close dht11

Read　Clear

图 12.6　UI 界面

分别右击四个Push Button按钮，从弹出的快捷菜单中选择“转到槽”命令，打开“转到槽”对话框，选择信号，如图12.7所示。

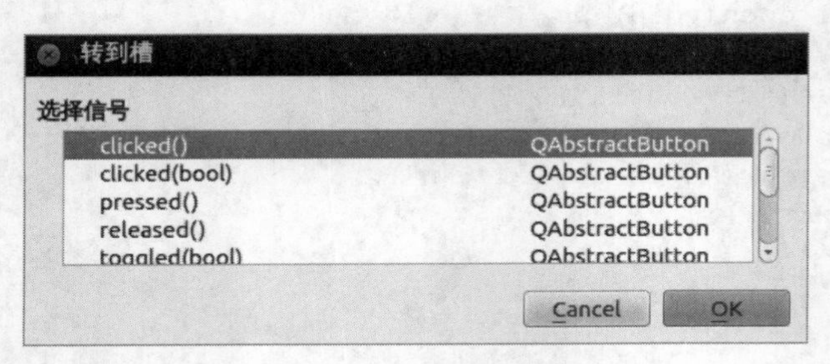

图12.7 选择槽与信号

单击OK按钮后，鼠标插入点会跳转到mainwindow.cpp的on_pushButton_clicked()函数内，这是信号与槽函数连接的另一种方式。这里pushButton为UI界面中按键的名称，clicked为发送的信号。mainwindow.cpp文件代码如下：

```
/*  mainwindow.cpp  */
1  #include "mainwindow.h"
2  #include "ui_mainwindow.h"
3  #include <QPushButton>
4  #include <QLineEdit>
5  #include <QLabel>
6  #include "dht11.h"
7  #include "dht11.c"
8
9  MainWindow::MainWindow(QWidget *parent):
10     QMainWindow(parent),
11     ui(new Ui::MainWindow)
12 {
13     ui->setupUi(this);
14     resize(400,300);
15 }
16
17 MainWindow::~MainWindow()
18 {
19     delete ui;
20 }
21
22 void MainWindow::on_pushButton_clicked()
23 {
24     dht11_open();
25 }
26
27 void MainWindow::on_pushButton_2_clicked()
28 {
29     dht11_read();
30     ui->lineEdit->setText(QString::number(DHT11_data.humi_int)+QString
       (".")+QString::number(DHT11_data.humi_deci));
31     ui->lineEdit_2->setText(QString::number(DHT11_data.temp_int)+QString
       (".")+QString::number(DHT11_data.temp_deci));
```

```
32 }
33
34 void MainWindow::on_pushButton_3_clicked()
35 {
36     dht11_close();
37 }
38
39 void MainWindow::on_pushButton_4_clicked()
40 {
41     dht11_clear();
42     ui->lineEdit->setText("");
43     ui->lineEdit_2->setText("");
44 }
```

上述代码中，第17～44行分别为UI界面四个按钮对应的槽函数。第30行与第31行分别将应用程序读取到的温度值和湿度值显示在对应的Line Edit控件中。

构建并下载运行程序，在FS4412实验箱上的运行结果如图12.8所示。这里不再赘述。

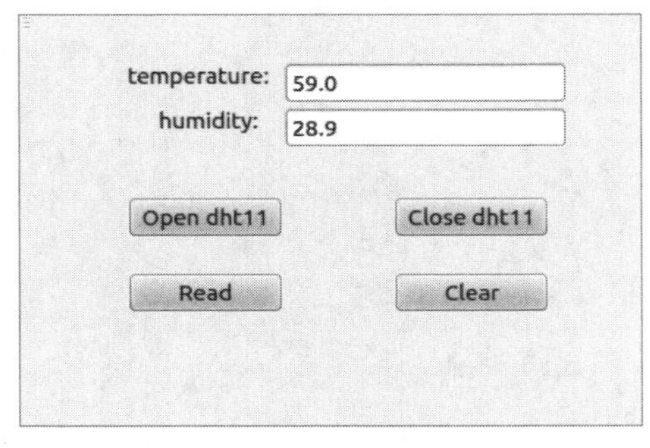

图 12.8　Qt 应用程序运行窗口

参考文献

[1] 秦山虎，刘洪涛.ARM处理器开发详解[M].北京：电子工业出版社，2016.

[2] 朱华生，李播，王军.嵌入式系统原理与应用：基于Cortex-A9微处理器和Linux操作系统[M].北京：清华大学出版社，2021.

[3] 姜先刚，刘洪涛.嵌入式Linux驱动开发教程[M].北京：电子工业出版社，2017.

[4] 姜先刚，袁祖刚.嵌入式Linux系统开发教程[M].北京：电子工业出版社，2016.